LE SERVICE DE SANTÉ DES ARMÉES ENTRE GUERRE ET PAIX

HAUTES ÉTUDES MILITAIRES

Collection publiée par l'Institut de Stratégie Comparée,
la Commission Française d'Histoire Militaire
et l'Institut d'Histoire des Conflits Contemporains

1. Jean-Claude Allain (dir.), *Des étoiles et des croix. Mélanges offerts à Guy Pedroncini*, 1995.
2. Claude Carlier et Guy Pedroncini (dir.), *La bataille de Verdun*, 1997.
3. Claude Carlier, *Chronologie aérospatiale, politique, militaire 1945-1995*, 1997.
4. Claude Carlier et Guy Pedroncini (dir.), *L'émergence des armes nouvelles – 1916*, 1997.
5. Claude Carlier et Guy Pedroncini (dir.), *Les troupes coloniales dans la Grande Guerre*, 1997.
6. Jean Bérenger (dir.), *La révolution militaire en Europe XVe-XVIIIe siècles*, 1998.
7. Philippe Richardot, *La fin de l'armée romaine*, 2e éd. 1998.
8. Maurice Faivre, *Le général Paul Ély et la politique de défense 1956-1961*, 1998.
9. Nuno Severiano Teixeira, *L'entrée du Portugal dans la Grande Guerre*, 1998.
10. Sabine Marie Decup, *France-Angleterre. Les relations militaires 1945-1962*, 1998.
11. Geneviève Salkin, *Général Diego Brosset. De Buenos-Aires à Champagney via l'Afrique et la France libre*, 1999.
12. Yves Salkin, *Collet au galop des Tcherkesses*, 1999.
13. Edme des Vollerons, *Le général Monclar, un condottiere du XXe siècle*, 2000.
14. Philippe Boulanger, *La France devant la conscription 1914-1922*, 2001.
15. Georges-Henri Soutou, Jacques Frémeaux, Olivier Forcade (dir.), *L'exploitation du renseignement en Europe et aux États-Unis des années 1930 aux années 1960*, 2001.
16. Jean Delmas, *Officier et historien*, 2001.
17. Thomas Lindemann, *Les doctrines darwiniennes et la guerre de 1914*, 2001.
18. Michel Grintchenko, *Atlante-Aréthuse. Une campagne de pacification en Indochine*, 2001.
19. Georges-Henri Soutou et Claude Carlier (dir.), *1918-1925 : Comment faire la paix ?*, 2001.
20. Jean-Charles Jauffret (dir.), *L'esprit de défense en Europe aux XIXe et XXe siècles*, 2002.
21. Frédéric Naulet, *L'évolution de l'artillerie française (1665-1765)*, 2002.
22. Jacques Frémeaux, *La France et l'Algérie en guerre (1830-1870/1964-1962)*, 2002.
23. Bernard Pujo, *Le Général George C. Marshall (1880-1959)*, 2002.
24. Gérard Fassy, *Le commandement français en Orient (1915-1918)*, 2003.
25. *Combattre, gouverner, écrire. Études réunies en l'honneur de Jean Chagniot*, 2003.
26. Philippe Richardot (dir.), *Le service de santé des armées en guerre et paix*, 2003.

Sous la direction de

Philippe RICHARDOT

LE SERVICE DE SANTÉ DES ARMÉES ENTRE GUERRE ET PAIX

Actes du colloque organisé par
la Délégation Méditerranée de la
Commission Française d'Histoire Militaire (CFHM)
l'Association Marseille-Provence des Anciens Auditeurs
de l'Institut des Hautes Études de Défense Nationale (IHEDN)
l'Institut de Médecine Tropicale du Service de Santé
des Armées (IMTSSA) du Pharo, Marseille,
le 5 octobre 2002

Commission Française
d'Histoire Militaire
B.P. 109, 00481 Armées

INSTITUT DE STRATÉGIE COMPARÉE
EPHE IV – Sorbonne
47, rue des Écoles, 75005 Paris

ECONOMICA
49, rue Héricart, 75015 Paris

Ouvrage publié avec le concours de
l'Association Marseille-Provence des anciens auditeurs
de l'Institut des Hautes Études de Défense Nationale

Intervenants

Philippe RICHARDOT, Agrégé et docteur en Histoire, Délégation Méditerranée de la Commission Française d'Histoire Militaire, Délégation aux Études de l'Association Marseille-Provence des Anciens Auditeurs de l'IHEDN, *Un aspect majeur mais négligé de l'Histoire militaire.*

Jean-Jacques ARZALIER, Docteur en médecine, DEA Histoire militaire, sécurité et défense, Médecin-en-chef (CR), SAMU 83), *L'évaluation du service de santé des armées au moyen de l'étude des pertes…*

Jean-Paul BOUTIN, Médecin en chef, Professeur agrégé du Service de Santé des Armées, IMTSSA du Pharo), *Les réponses du ministère de la Défense aux problèmes posés par un éventuel syndrome du Golfe.*

Hervé COUTAU-BÉGARIE, Président de la Commission Française d'Histoire Militaire et de l'Institut de Stratégie Comparée, *Conclusion du Colloque.*

Pierre DARMON, docteur d'État ès-lettres, directeur de recherches au CNRS, *Les mutilés de la Grande Guerre : révolution orthopédique et problèmes fonctionnels.*

Sophie DELAPORTE, Docteur en Histoire, Secrétaire générale de l'Association Guerre et Médecine, *Guerre imaginée, Guerre vécue 1914-1918.*

Patrick DEVILLIÈRES, Médecin en chef, Spécialiste de psychiatrie des hôpitaux des Armées, *La psychiatrie à l'avant (évolution des idées et techniques de soins psychiques à l'avant).*

Caroline GILLET, maître en histoire, *Les mutilés de la Grande Guerre : révolution orthopédique et problèmes fonctionnels.*

Michel LARIVE, Médecin Général Inspecteur (CR) Service de Santé des Armées ; *Place de l'évacuation par voie aérienne dans l'évolution et le concept du soutien du Service de Santé des Armées.*

Jean-François LEMAIRE, Docteur en médecine (SSA er), Docteur en Histoire, Chargé de conférences à l'Ecole Pratique des Hautes Etudes), *De l'impossibilité d'apprécier la gravité d'une blessure à travers les dossiers de la Révolution et de l'Empire.*

Marc LEMAIRE, Docteur en médecine, Doctorant en Histoire, *Le rôle du Service de Santé de Marine dans la Campagne d'Orient (1853-1856).* Travail réalisé dans le cadre d'une thèse d'Histoire militaire, sur *L'aspect sanitaire de la guerre de Crimée (1854-1856)*, en cours sous la direction du professeur Jean-Charles Jauffret (Université Paul-Valéry, Montpellier III).

Jean-Pierre RENAUD, Lieutenant-colonel (er), président du Centre d'Histoire Militaire et d'Études de Défense Nationale de Montpellier, *Le service de santé des armées pendant la Pacification du Maroc, 1907-1934.*

Un aspect majeur mais négligé de l'Histoire militaire

Philippe RICHARDOT

L'histoire militaire qui est, grâce à Thucydide (v. 460-395 av. Jésus-Christ), auteur de la *Guerre du Péloponnèse* mais ex-stratège vaincu à Amphipolis, l'origine même de la science historique a longtemps été confondue avec l'histoire-bataille. Celle-ci, après 1918, a cédé le terrain devant la socio-histoire et souffre d'un discrédit d'où l'on tente de la tirer aujourd'hui par une analyse renouvelée. Mais l'histoire-bataille elle-même, événementielle, héroïque, spéculant sur la psychologie des chefs, laissait peu de place à l'étude organique de la guerre. Seules la tactique ou la réflexion stratégique intéressaient l'historien classique. La médecine aux armées comme la logistique intéressaient peu. Or ces deux domaines ont plus d'influence sur l'érosion des armées en campagne que le combat. Ce manque d'intérêt des sources pour la médecine de guerre est une constante dans l'historiographie jusqu'à nos jours. On évoque la gloire et la dureté des combats, mais pas cette activité annexe et non militaire qu'est la médecine.

Avant 1914, sort tragique des blessés...

Le sort des blessés dans les combats antiques, de même que le nombre de blessés dans un combat ne sont qu'exceptionnellement mentionnés. Seul Ammien Marcellin, dernier grand historien romain et ancien soldat, donne le rapport tués/blessés lors de la bataille de Châlons-en-Champagne (365)[1] :

	Tués	*Blessés*	*Rapport*
Romains vainqueurs	200	1 200	1/6
Alamans vaincus	6 000	4 000	1,5/1

Comme Ammien travaille sur des sources romaines, le décompte des blessés ennemis révèle un souci sanitaire et non leur massacre pur et simple. Cela représente pour cette bataille un afflux massif de 5 200 blessés. Faire face à une telle demande pose de sérieux problèmes. Comment les Romains pouvaient-ils y faire face ? Sous le Bas-Empire, chaque légion (600 à 1 000 hommes) disposait de deux ambulances seulement et d'un médecin. Pour la légion impériale classique (Ier-IIe siècle), Végèce (auteur de la fin du IVe siècle) évoquait, sans en préciser le nombre, l'existence de médecins[2] aux ordres du préfet de camp. L'organisation du service de santé romain en bataille, à l'exemption de *capsarii*, sorte d'infirmiers volants, n'est nulle part décrite. Les types de blessure dans une bataille antique sont les plaies ouvertes causées par le tranchant de l'épée et les plaies profondes causées par les traits ou les coups de pointe. D'après Végèce, les premières ne sont pas mortelles, contrairement aux secondes portées au torse et à l'abdomen. Les plaies ouvertes sont certainement les plus nombreuses face à des Barbares frappant de taille contre des Romains couverts d'armure et d'un long bouclier sur les parties vitales. Elles sont probablement localisées sur les avant-bras (Burrhus, précepteur de Néron a ainsi perdu une main), les jambes, le torse. Dans la République romaine, quand l'armure corporelle se résumait à un

---

1 Ammien Marcellin, *Res gestae,* XVII, 2,7.

2 Végèce, *De Re militari*, II, 10, 3.

plastron, il était de bon ton pour un sénateur de montrer à ses collègues son patriotisme et ses blessures toutes reçues de face. Un simple travail de couture de la plaie, pas assez profonde ou terreuse pour s'infecter, pouvait sauver le blessé. Ammien Marcellin, par contre, s'attarde à décrire la blessure mortelle qui consiste à être transformé en pelote d'épingles par des flèches : la victime cherche une main secourable mais la mort est inévitable. L'empereur Julien meurt percé d'un javelot dans une escarmouche de cavalerie (363) ; il agonise lentement dans sa tente où il donne l'exemple de la mort du prince-philosophe. Ammien précise qu'un traitement médical avait limité sa douleur[3].

Au Moyen Age, il n'y a pas d'unités permanentes avec une stricte organisation à la romaine, à l'exception de l'armée byzantine jusqu'au désastre de Manzikert (1171). On ne décompte dans les effectifs que les chevaliers, rarement la piétaille. Les blessés comptent pour peu dans un contexte féodal où les nobles sont capturés pour être mis à rançon et les autres massacrés. Les croisades (ou pèlerinages) voient l'apparition d'ordres d'abord voués au soin des croisés, comme les Chevaliers de Saint-Jean de Jérusalem dit Hospitaliers (1113) et les Teutoniques (1189). Des chirurgiens civils suivent les armées, comme plus tard Ambroise Paré (1509-1590). Sous la Renaissance, les armes à feu transforment le rapport des blessés par tué (4/1) et multiplient les blessures profondes, les membres broyés ou arrachés : soit des blessures moins "propres" et complexes. Il faut amputer davantage. Ambroise Paré met au point la ligature des artères au lieu de la cautérisation au fer rouge. À Rhodes, puis à Malte, les Hospitaliers conservent une "*sacrée infirmerie*" avec apothicaire. Lors des guerres des Flandres, le gouverneur espagnol Alexandre Farnèse fait construire le premier hôpital militaire séculier permanent à Landrecies (1544). Le Lorrain Jacques Callot, dans ses gravures sur les *Malheurs de la guerre*, l'Allemand Grimmelhausen, dans son *Simplicissimus*

3 *Res gestae*, XXV, 3, 7-8.

(1664), décrivent des hordes d'éclopés, de malades mi-brigands, mi-mendiants qui suivent les armées en attendant de reprendre du service. Le proverbe "*jeune soldat, vieux mendiant*", rapporté par Machiavel, en dit long sur le sort des invalides de guerre. La création de l'institution des *Invalides* par Louis XIV est une première dans le traitement des mutilés de guerre (1670). La Caisse des Invalides de la Marine (1673) poursuit cette première tentative d'humaniser le sort des blessés restés invalides. Une ordonnance de 1708 définit un service de santé aux armées. Ces initiatives sont copiées par le reste de l'Europe.

Toutefois, au XVIIIe siècle, avec la généralisation du combat par le feu, puis lors des guerres de la Révolution et de l'Empire, le nombre de pertes augmente parallèlement à la gravité des blessures. L'extension du champ de bataille sur un front de 4 à 6 km rend plus difficile l'extraction des blessés. Sous l'Empire, il existe des ambulances, mais peu nombreuses. Malgré l'invention de la *Wurst* (saucisse) du baron Percy qui transporte les praticiens sur un chariot rapide, Napoléon sacrifie délibérément le service de santé, contraire à son "système de guerre". Napoléon privilégie la mobilité tactique sur le champ de bataille et refuse qu'une noria d'ambulances gêne le mouvement des troupes. L'artillerie est prioritaire. En 1803, Bonaparte ferme les hôpitaux d'instruction et en 1813, devenu Napoléon, n'affecte pas de chevaux au service de santé. Pendant la bataille, les blessés sont piétinés par les troupes, les convois d'artillerie et les escadrons, voire brûlés par les feux d'herbes sèches. Les blessés sont donc relevés tardivement, parfois cinq jours après la bataille. Ils sont relevés parfois fortuitement : ainsi le baron Marbot, laissé inerte dans la neige d'Eylau (1807), est sauvé par un valet de sa connaissance pillant les cadavres, qui a vu sa respiration s'exhaler. Le calvaire ne s'arrête pas là. Les amputations se font sans anesthésie, les pansements usagés s'échangent, le manque d'hygiène est total. L'infection qui s'ensuit cause la mort de nombreux blessés, et même de Percy lui-même après avoir opéré une blessure gangrenée. En dépit de quelques grands noms d'inspecteurs comme Larrey, Percy, Desgenettes, Coste, la qualité des officiers du service de santé fait défaut. Napoléon a déclaré à Larrey : "*L'inexpérience des chirurgiens fait plus de mal à l'armée que les batteries ennemies*". D'autre part, les praticiens locaux sont toujours réquisitionnés. Les blessés sont abandonnés sur place à la discrétion des civils dans la victoire, et de l'ennemi quand l'armée est en retraite. À l'exception de la guerre d'Espagne et du massacre des malades et blessés français par les juifs de Vilna (1812), il y a un accord tacite de respect mutuel. En 1813, le taux de récupération des blessés d'après Larrey n'est que de 44 %.

Sous le Second Empire, le sort des blessés reste toujours aussi tragique sinon plus. Dans l'artillerie le boulet plein a cédé la place à l'obus explosif et les éclats mêlés de terre aggravent les blessures. Le champ de bataille s'est élargi (7 km) et le recueil des blessés est devenu plus difficile. Voilà comment un témoin du temps, Louis Noir, décrit la répartition des pertes lors de la Guerre de Crimée (1854-1856) :

> *Sur mille hommes touchés dans une bataille, il y en a cinquante à peine qui sont tués dans l'affaire même : cinquante meurent dans les quarante-huit heures qui suivent leur arrivée à l'ambulance. Deux cents sont amputés ; cent meurent des suites de l'opération. Soit deux cents morts ou le cinquième du tout. On compte aussi un quart de blessures graves qui nécessitent une convalescence assez longue ; un quart de blessures qui, n'atteignant aucun organe essentiel, se guérissent un mois. Bref sur mille personnes, il y en a deux cents qui restent sous les drapeaux tant leurs blessures sont légères ; deux cents reprennent leur rang après un mois de traitement ; deux cents autres après une période de trois à six mois*[4].

4 Louis Noir, *Les guerres de mon temps*, Paris, Degorce-Castet, 1869, p. 424.

Le charnier de Solferino (1859) est tel que le Suisse Henri Dunant crée la Croix Rouge. Les pertes ont été de 22 000 hommes pour les Autrichiens et 17 000 pour les Franco-Piémontais. L'action humanitaire de Dunant conduit à la Convention de Genève (1864) qui officialise la pratique de soigner les blessés du camp adverse.

... Et désastres sanitaires

On ne connaît pas de désastre sanitaire pour les armées antiques. Cela tient au fait des pratiques hygiénistes des sociétés gréco-romaines. Végèce, dans son traité d'art militaire, parle du rôle des médecins et des exercices dans le maintien des troupes en bonne santé. Marécages et lieux arides sont déconseillés par Végèce pour installer un camp. Il accorde un rôle important aux eaux consommées et recommande de prendre garde à ce qu'elles ne soient pas pathogènes (*De Re Militari*, III, 2, 1 sq). Le Moyen Age oublie ses conseils hygiénistes. Typhus, choléra, fièvres emportent les armées. Deux rois de France meurent du typhus à la guerre dans des opérations de siège : Louis VIII (1226) et Louis IX (1270). Jean de Meun, dans sa traduction de Végèce (1284), donne une explication à ces désastres sanitaires :

> *Mout on fait de damage en mainte ost et en mainte assemblée perece et negligence de nestier des cors des homes et des mortes bestes et des autres porretures leur herberges* [campement]. *Et de ce sont plus entichié li François que nules autres nations, si comme il apert de nostres tens et de nostre souvenance en Tunnes* [Tunisie] *et en Aragon et en touz lieus là où il tiennent assemblées de gens d'armes ne sièges devant fortereces*[5].

5 Jean de Meun, *Li Abregemenz noble homme Vegesce Flave Rene des establissementz apartenant a chevalerie,* éd. L. Löfstedt, Helsinki, 1977, p. 121.

L'absence de statistiques précises ne permet pas de donner des rapports de pertes, mais un désastre sanitaire peut amener une défaite stratégique dans les cas de Louis VIII et de Louis IX. La Renaissance n'échappe pas à l'usure sanitaire qu'aggravent les maladies vénériennes véhiculées par les armées : comme la syphilis venue des Amérique mais appelée le "*mal de Naples*" par les Français, le "*mal français*" par les Espagnols. La déficience du service de santé des armées apparaît aussi dans les armées professionnelles permanentes du XVIIIe siècle. D'après Lancelot Turpin de Crissé, inspecteur général de cavalerie (1716-1795), sur les 200 000 hommes engagés en Bavière en 1741, seuls ¼ rentrent en France ; lors de l'hiver 1743, fièvres, manque de nourriture et d'hygiène causent 50 % de pertes sur 70 000 hommes. L'érosion sanitaire peut casser la dynamique d'une armée moderne, l'échec du duc de Brunswick à Valmy (1792) ne s'explique pas par les pertes du combat (150 Français tués et 260 blessés contre 160 pertes pour les Prussiens). Elle s'explique par la dysenterie qui affaiblit les hommes, touche 30 000 hommes sur 34 000 et en tue 3 000. Brunswick ne peut forcer la bataille et doit faire une retraite qui est un désastre sanitaire.

Dans les hôpitaux de campagne improvisés près du champ de bataille ou dans un dépôt stratégique, les mauvaises conditions d'hygiène des armées napoléoniennes causent une hécatombe : les blessés qui meurent sont égaux en nombre aux tués du combat. Pour ces raisons, blessés et malades cherchent à quitter ces mouroirs pour revenir dans leurs unités. À la surmortalité des hôpitaux s'ajoutent les épidémies. Le typhus qui touche les blessés et prisonniers entassés à Vienne après Austerlitz (1805) tue 11 000 hommes soit autant que la bataille. Ainsi en 1806, les pertes à Gaète sont de 1 000 tués pour 9 000 malades de la fièvre. La retraite de Russie est rendue tout aussi mortelle par le typhus et le choléra que par le froid. Ce désastre sanitaire et logistique touche les deux camps :

PERTES RUSSES PENDANT LA RETRAITE DE RUSSIE 1812

	Armée de Koutousov	*Armée de Wittgenstein*	*Renforts*
Début de la poursuite	120 000	50 000	10 000
Bérézina	80 000	30 000	?
Arrivée à Vilna	35 000	15 000	1 700

D'après le baron Larrey.

PERTES FRANÇAISES PENDANT LA RETRAITE DE RUSSIE 1812

	Grande Armée
Kaunas, 24 juin	422 000
Moscou, début de la retraite 19 octobre	90 000
Bérézina 26-28 novembre	50 000
Kaunas, 8 décembre	10 000

D'après Joseph Minard, Graphiques et cartes figuratives, 1861.

Au milieu du XIXe siècle, les pertes sanitaires demeurent plus nombreuses que celles au combat. La guerre de Crimée (1854-1856) est la première a avoir été suivie régulièrement par la presse et le public britanniques. L'arrivée d'une volontaire énergique, Florence Nigthingale, relève les conditions sanitaires et réduit le taux de pertes dans les hôpitaux de 44 % à 2,2 %. Néanmoins en février 1855, le corps expéditionnaire britannique compte 11 000 combattants pour 23 000 blessés et malades. En juin 1863, pendant la guerre de Sécession, 81 % des hommes soignés dans l'armée nordiste sont des malades, mais blessés et malades ne représentent que 13 % des effectifs. Pendant la guerre de 1870-1871, la dysenterie cause 7 000 tués dans l'armée allemande et le typhus des pertes nombreuses dans l'armée française.

Toutefois, ce sont désormais les combats qui font le plus de tués :

PERTES ALLEMANDES 1870-1871

Tués au combat	24 000	36,9 %
Morts des suites de leurs blessures	29 000	44,6 %
Morts de maladies	12 000	18,4 %

Les campagnes coloniales fournissent toutefois un contre-exemple du fait des endémies tropicales et du faible savoir militaire des opposants. Le maximum de pertes sanitaires survient lors de la conquête de Madagascar par la France (1895) à cause de la malaria :

PERTES FRANÇAISES PENDANT LA CONQUÊTE DE MADAGASCAR (1895)

Effectifs	21 600	
Morts de maladie	5 800	99,5 % des pertes
Tués au combat	25	0,5 % des pertes

Par la suite, des vaccinations régulières et les découvertes faites par le service de santé réduisent les pertes par maladie.

Après 1914, évacuation des blessés et progrès sanitaires

Les services de santé des armées pendant la Grande Guerre sont devenus efficaces. Désormais le nombre de décès par maladie est régulièrement inférieur à celui des tués au combat. Le nombre de décès par suite de blessures ne représente plus que 40 % des tués au combat. Une véritable chaîne sanitaire structure l'évacuation et les soins aux blessés : recueil par un corps de brancardiers, premiers secours, triage à l'ambulance divisionnaire, chirurgie de l'avant, hôpitaux de convalescence, prise en compte des traumatismes psychologiques. Ceux-ci plus nombreux qu'avant s'ajoute aux blessures nouvelles par les gaz : cécité partielle (cas d'Adolf Hitler) ou handicap pulmonaire permanent (qui faisait dire à Maurice Genevoix que chaque jour à vivre de plus était "*un jour de Rab*"). La féminisation du service de santé progresse considérablement avec le corps des infirmières. Celles-ci servent dans les hôpitaux de convalescence, voire dans le convoyage automobile des blessés. La création d'un corps nombreux de brancardiers-ambulanciers, la diffusion de sacs de pansements dans les paquetages (depuis 1899 pour l'armée française). Des cours de secourisme prodigués aux soldats renforcent la chaîne sanitaire.

L'automobile, le train, puis l'avion et l'hélicoptère ont permis de faire d'immenses progrès dans l'évacuation des blessés graves. Le délai des quarante-huit heures évoquées par le baron Larrey est ramené à 15 minutes pendant la guerre du Viêtnam (1965-1973) ; soit un délai plus court que celui des accidentés de la route aux États-Unis à la même époque. 82 % des Américains gravement blessés ont été sauvés grâce au système des évacuations sanitaires. Les pertes US ont été de 47 244 tués et de 303 704 blessés par l'ennemi, soit 1 tué/6,4 blessés.

Les progrès de la médecine et des transports n'en diminuent pas moins les pertes d'ordre sanitaire. Même dans la plus logisticienne et la plus médicalisée des armées du XXe siècle, celle des États-Unis, les pertes par maladie restent supérieures à celles du combat.

PERTES AMÉRICAINES EN TEMPS DE GUERRE

	Pertes dues au combat %	*Pertes non dues au combat %*	*Pertes par maladie %*
Seconde Guerre mondiale 1944 :			
Europe	23	10	67
Sud-Ouest Pacifique	5	12	83
Chine-Birmanie	2	8	90
Corée 1950	8	17	75
Viêtnam 1969	19	14	67

D'après John M. Collins, *Military Geography for Professionals and the Public*, Brassey's, Washington, 1998

Malgré les vaccinations, les théâtres tropicaux ou équatoriaux développent plus de pathologies chez les forces armées occidentales. Les hivers passés dans la neige sont cause de nombreuses affections pulmonaires et de gelures. Ainsi le manque d'équipements adéquats occasionne des pertes lourdes chez les Allemands pendant l'hiver 1941-1942 : Guderian note le 17 novembre 1941 qu'il y a 400 évacuations pour gelure par régiment de la 112e division d'infanterie. Le nombre de morts par maladie au XXe siècle reste inférieur à celui des tués au combat. Cette victoire essentielle de la médecine militaire reste toutefois une victoire discrète. En effet, la maladie, parce qu'il s'agit d'une blessure non noble, n'est pas considérée et participe de l'occultation par l'histoire militaire du service de santé des armées.

De la capacité médicale du service dépend la capacité à combattre d'une armée. La médecine militaire a une tâche paradoxale : "*sauver des vies alors que la tâche du militaire est de tuer l'ennemi*". Ce paradoxe fonde aussi la noblesse du service qui oppose des considérations humanitaires à des considérations militaires : c'est Desgenettes qui, pendant la campagne d'Égypte (1798-1799), s'oppose au projet de Bonaparte d'empoisonner au laudanum les pestiférés.

L'évaluation du Service de Santé des Armées au moyen de l'étude des pertes

Jean-Jacques ARZALIER

Le changement d'échelle des conflits, avec le développement des armes à feu et la constitution de grandes armées, a rendu nécessaire une organisation spécifique, afin de faire face à la fois au traitement des blessures multiples et au risque épidémique, tout aussi meurtrier. La France fut l'une des premières à se doter d'un tel service. La naissance du Service de santé était consacrée à la fin du règne de Louis XIV par l'édit du 17 janvier 1708[1].

POURQUOI ÉVALUER LE SERVICE DE SANTÉ DES ARMÉES ?

L'étude des pertes humaines de guerre

Selon le *Petit Larousse*, "*les pertes se composent des tués, des blessés, des prisonniers, des disparus et des malades*"[2]. Pour le *Petit Robert*, pour lequel "*nos militaires confondent sous le même vocable de « pertes », à la fois les morts et les blessés*", il ne s'agit que des "*personnes*

---

1 "Service de santé des armées, une force au service des hommes", *Internet*, http ://www.defense.gouv.fr/sante [téléchargement 3 septembre 2002].

2 *Petit Larousse en couleurs,* Paris, 1980.

tuées au cours d'une opération ou d'une guerre"[3]. Pourquoi faut-il étudier les pertes ? D'abord pour en connaître les causes, afin d'en réduire l'importance quantitative, ensuite pour en apprécier les conséquences, afin d'y remédier. Cette connaissance favorise le maintien d'un outil opérationnel, conformément à la définition "militaire" donnée par le général Graziani dans une note du 22 avril 1916 : "*sont compris sous la rubrique 'pertes' les faits de toute nature produisant une diminution temporaire ou définitive des effectifs de l'armée*"[4]. Mais, depuis qu'elles intéressent aussi l'opinion publique, les conséquences des pertes vont bien au delà de l'intérêt que leur portent les chefs militaires. Elles revêtent aussi un aspect politique qui va soumettre à condition le déclenchement ou la poursuite des opérations...

Pourquoi évaluer l'action du service de santé ?

> *Parce que des milliers de vies humaines sont sacrifiées aux formules militaires, non certes par méchanceté, mais par absence de réflexion personnelle*[5].

Le soutien des forces est la mission prioritaire du service de santé des armées [S.S.A.]. Cette mission s'exerce non seulement en temps de guerre ou en temps de crise, mais aussi en temps de paix. Elle se définit comme "*l'ensemble des actions concourant, sur les plans individuel et collectif, à la mise en condition et à la conservation du potentiel humain par une prise en charge intégrale et cohérente, dans un cadre interarmées, des combattants, des malades et des blessés des forces*"[6].

---

3 Claude Lévi-Strauss, cité par *Le Petit Robert,* Paris, 1992.

4 Note E.M., 1er et 5e bureaux, 22 avril 1916, signée Graziani, (Vincennes, SHAT), 7N552.

5 Général von Seekt, *Pensées d'un soldat,* Paris, 1932, p. 14.

6 "Service de santé des armées, une force au service des hommes", *Internet,* http ://www.defense.gouv.fr/sante [téléchargement 3 septembre 2002].

L'évaluation des résultats de ces actions, tant pour la prévention des maladies (l'hygiène en campagne) que pour les soins donnés aux blessés (dans les formations sanitaires) est donc essentielle. Elle peut utiliser les apports de l'histoire militaire, notamment par l'étude des pertes, afin d'éviter la répétition des mêmes erreurs. Mais c'est encore l'élément d'une démarche "*qualité*" au sein du service de santé, qui a pour ambition d'améliorer l'adéquation entre ses moyens, ses missions et ses résultats, ce qui est la définition même de l'efficience.

Les objectifs ont évolué au fil du temps. L'intérêt collectif lié à la conservation d'un outil opérationnel dominait autrefois[7] ; il est aujourd'hui complété, voire "*dépassé*", par l'attention individuelle visant à préserver au mieux chaque combattant... Il ne semble plus possible, au début du XXIe siècle, de demander aux citoyens occidentaux la même attitude devant la mort que celle qui fut partagée par la noblesse de l'Ancien régime... Le compte-rendu suivant, bien qu'il doive être pris avec les précautions requises par le ton emphatique de son auteur, est l'exemple même d'un comportement aujourd'hui disparu : "*Boufflers-Remiancourt* (Vincent-Dominique-Régis, comte de), *enseigne à drapeau au régiment des gardes françaises, eut la jambe cassée d'un coup de canon à la bataille d'Ettingen en 1743, se la vit couper avec le plus grand sang-froid, et mourut peu de temps après, n'ayant encore que dix ans et demi*"[8].

---

7 "*The prime task of an Army Medical Service which is to conserve the fighting strength by preventing disease wherever possible and returning wounded and sick soldiers fit to duty in the shortest possible time*" : Major general A.J. Shaw, "Sir James McGrigor - An Appreciation", *Journal of the Royal Army Medical Corps*, 136, 1990, pp. 57-63.

8 Hozier, *L'impôt du sang ou la noblesse de France sur les champs de bataille,* 1874.

L'ÉVALUATION, UN PROCESSUS QUI VISE LA RECHERCHE DE LA QUALITÉ

Qui évalue : critique interne ou critique externe ?

L'évaluation interne comme source de vérité

Les travaux issus du service de santé et publiés dans les revues officielles appartiennent à l'évaluation interne. Les études de mortalité en sont un exemple, et l'un de leurs intérêts réside dans la possibilité de comparaison entre des services de nationalité différente. Les taux de mortalité annuels des armées britanniques et françaises s'avèrent ainsi être très proches dans la décennie 1980 [tableau n° 1]. La Grande-Bretagne a pourtant été confrontée à la guerre des îles Malouines, mais cette dernière ne compte que pour un peu plus du dixième des 1 054 décès de toutes causes recensés dans l'armée britannique de 1980 à 1984.

Tableau n° 1 :
Taux annuel de mortalité dans les armées françaises et britanniques (décennie 1980)

France (1986)	*Royaume-Uni (1980-1984)*
15 pour 10 000	14 pour 10 000

Source : Cochet et al, “Approche statistique des décès dans les armées françaises en 1986”, *Médecine et Armées*, 1988, pp. 289-292.

Finnegan, “The major causes of death in the Army and comparisons with the civilian population”, *Journal of the Royal Army Medical Corps*, 1988, pp. 22-26.

L'évaluation externe n'apporte pas une garantie d'objectivité

L'évaluation externe est censée reposer sur l'indépendance, ce qui ne lui donne pas pour autant un gage d'objectivité. Certes, les historiens et les journalistes revendiquent la neutralité en tant qu'objectif professionnel, mais cette dernière est bien facilitée par la distance offerte par l'éloignement des siècles passés. L'étude de la mortalité de l'infanterie française dans la première moitié du XVIIIe siècle ne peut plus guère susciter de querelles. La mortalité annuelle constatée de 1716 à 1748, que ce soit en période de paix ou lors des guerres, est bien supérieure (quinze à vingt fois) à ce qu'elle sera 250 ans après [tableau n° 2]. Les chances sont tout de même du côté de la survie puisque, chaque année, "*sur cent hommes la guerre en tue trois alors qu'il en meurt à peine deux en temps de paix*". Même en guerre, l'été, saison des opérations, reste la période où la mortalité est la plus faible. "*Il est donc permis de conclure que l'infanterie est beaucoup plus victime des maladies ou épidémies hivernales et printanières, comme tous les hommes du XVIIIe siècle, que des batailles ou des sièges*"[9]. Ces résultats doivent s'apprécier en tenant compte des conditions de l'époque, tant économiques que médicales. Ils doivent aussi être comparés à la mortalité constatée dans la population civile de la même tranche d'âge ; la mortalité dans l'armée suit en fait une courbe parallèle, mais décalée, à celle de la mortalité générale de la population.

Tableau n° 2 :
Taux annuel de mortalité dans l'infanterie française pendant la première moitié du XVIIIe siècle (1716-1748)

Années de paix	*Années de guerre*	*Toutes années confondues*
191 pour 10 000	320 pour 10 000	255 pour 10 000

Source : Monique Lucenet, "La mortalité dans l'infanterie française de 1716 à 1748 selon les contrôles de troupes", in *Le soldat, la stratégie, la mort,* Paris, 1989, pp. 397-407.

9 Monique Lucenet, "La mortalité dans l'infanterie française de 1716 à 1748 selon les contrôles de troupes", pp. 397-407 in *Le soldat, la stratégie, la mort,* Paris, 1989.

Neutralité et objectivité sont parfois bien difficiles à conserver. Le domaine de l'action humanitaire, devenue en "*temps de crise*" le moteur de nombre d'interventions armées, est ainsi l'un des terreaux de la subjectivité... Cette attitude est aussi ancienne que la naissance du correspondant de guerre. Les conditions de captivité offertes aux civils lors de la guerre des Boers (1899-1902) donnent lieu en leur temps à quelques commentaires assez vifs : "*des camps de concentration* [où] *les prisonniers boers, parqués comme des lapins, mouraient lentement sous le ciel empesté*"[10].

Quoi et où : quels sont les champs d'action du service de santé ?

L'évaluation du service de santé n'est pas celle de ses médecins ou de ses chirurgiens. L'étude de la performance individuelle ne présente guère d'intérêt et elle expose à des erreurs. Dans les suites de la bataille de Saratoga (17 octobre 1777), pendant la guerre d'Indépendance américaine, les blessés des deux camps sont pris en charge dans le même hôpital de campagne par leurs chirurgiens respectifs. James Thacher, chirurgien de l'armée américaine, travaille aux cotés d'une trentaine de ses collègues sans discontinuité, de huit heures du matin jusqu'à une heure tardive de la soirée. Il fait état de la différence de compétence et d'attention entre d'une part les chirurgiens anglais, rapides et adroits, et d'autre part les chirurgiens allemands chargés du contingent hessois, malhabiles et peu attentifs envers les blessés[11]. Ce constat doit rendre prudent lorsqu'il s'agit de généraliser les résultats d'une étude relative à la survie des blessés...

---

10 Arridson, *Le Petit Journal* (1158), 26 janvier 1913, p. 27.

11 "*Some of them are the most uncouth and clumsy operators I ever witnessed, and appear to be destitute of all sympathy and tenderness toward the suffering patient*" : James Thacher, *Military Journal during the revolutionary war,* 1823, cité par Ira M. Rutkow, "James Thacher and his military journal during the American Revolutionary War", *Arch Surg,* 136, 2001, p. 837.

L'évaluation est davantage le jugement porté sur le bilan global d'un service, à l'aulne des missions qui lui incombent [tableau n° 3].

Tableau n° 3 :
Les missions du service de santé des armées (France)

Temps de paix	Médecine de soins	Hygiène et prévention	Expertise	Soutien vétérinaire
Temps de crise	Opérations extérieures [Op.Ex.]		Missions humanitaires	

Source : "Service de santé des armées, une force au service des hommes", *Internet*, http ://www.defense.gouv.fr/sante [téléchargement 3 septembre 2002].

Comment : quelles méthodes d'évaluation ?

Tout programme d'action visant à mesurer des résultats à partir d'objectifs prédéfinis doit pouvoir être évalué par l'étude de quelques critères [tableau n° 4 et figure n° 1].

Tableau n° 4 : Signification et importance des critères d'évaluation d'un processus

Pertinence	La pertinence juge en quoi les objectifs du programme correspondent directement aux besoins à couvrir
Opportunité	Le programme doit non seulement être pertinent, mais son opportunité doit être en accord avec les circonstances qui l'entourent
Impact	Les résultats du programme ont par eux-mêmes des conséquences. Évaluer l'impact consiste à voir en quoi les résultats ont un effet positif ou négatif sur les besoins à couvrir et comment ils concourent à créer un environnement favorable à la continuation du programme

Efficacité	L'efficacité permet de vérifier comment le programme atteint ses objectifs ; elle est évaluée en comparant directement les objectifs avec les résultats attribués au programme.
Durabilité	Si l'efficacité englobe les résultats immédiats quantitatifs et qualitatifs, la durabilité évalue le temps pendant lequel se feront sentir les résultats et leurs conséquences
Efficience	L'efficience est jugée en répondant à l'une des questions suivantes : • les meilleurs résultats possibles sont-ils obtenus avec les ressources (au sens large) attribuées ? • ces résultats peuvent-ils être améliorés par une organisation ou une gestion différente des ressources ? • est-il possible de réduire la quantité ou la qualité des ressources sans altérer la qualité des résultats ?
Cohérence	La cohérence apprécie comment les divers éléments (activités, moyens, ressources, personnels) forment un tout capable d'atteindre les objectifs fixés

Il existe de nombreuses méthodologies d'évaluation, souvent intégrées à une démarche “qualité”. Cette dernière est reconnue depuis longtemps dans le domaine de la production industrielle. L'attribution d'un label obéit à des contraintes, nationale comme la norme française [N.F.] ou internationale comme la norme européenne [E.N.]. La certification par un organisme habilité, telle l'association française de normalisation [A.F.Nor.] ou l'*International Organization for Standardization* [I.S.O.] reconnaît la qualité d'un produit ou d'un processus. Cette recherche de la “qualité” s'applique aujourd'hui aux activités de service, mais le soutien sanitaire des armées ne fait guère appel à cette définition *a priori* de la qualité, et force est de recourir à d'autres outils [tableau n° 5].

Figure n° 1 : critères d'évaluation d'un processus

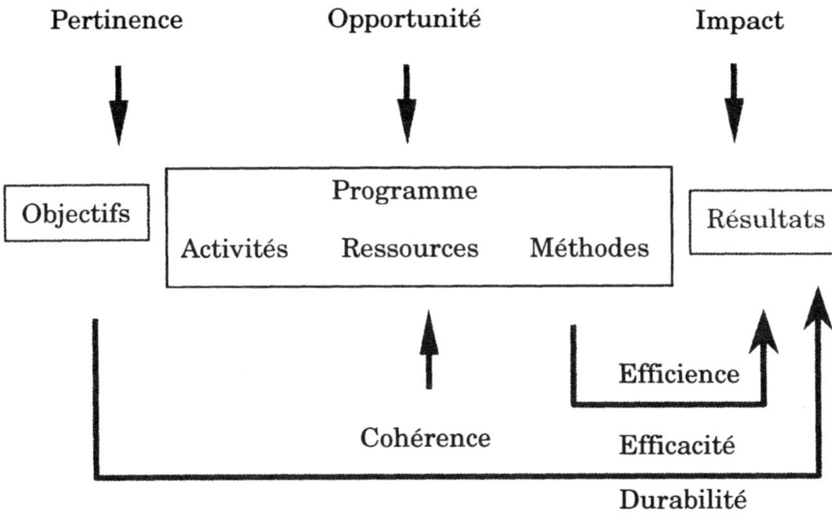

Tableau n° 5 : Quelques exemples d'outils utilisables dans une démarche "qualité"

"QQOQCP"	Quoi, Qui, Où, Quand, Comment, Combien, Pourquoi ?
Diagramme d'Ishikawa	*Fishbone Diagram* : matières, milieu, méthodes, matériels, main d'œuvre +/- management et moyens financiers
Loi des 80/20 de Pareto	80 % des effets sont dus à 20 % des causes. Une grande partie du problème est résolue en traitant un nombre limité de causes
"5S"	Vise à mettre en ordre un espace de travail (*Sort, Set in order, Shine, Standardize, and Sustain*)
"5 Pourquoi ?"	Recherche successive des causes d'un dysfonctionnement
Roue de Deming ou "PDCA"	Projet, Réalisation, Evaluation, Actions (*Plan, Do, Check, Act*)
"Brainstorming"	Réflexion de groupe ("remue-méninges")

Le souci d'une meilleure efficience du service de santé est présent dès la fin du XVIIIe siècle. Les données statistiques alors disponibles sur les hospitalisations permettent une prévision des besoins sanitaires [tableau n° 6]. En 1768, le chirurgien Hugues Ravaton estime le pourcentage des malades à 3 % en début de campagne, à 5 ou 6 % en milieu de campagne et à 10-12 % à la fin de celle-ci, en incluant les maladies vénériennes et les accidents. Un jour de bataille cause dix blessés pour cent combattants, mais ce pourcentage baisse si l'effectif engagé est important, voisin de cent mille hommes. Doté de ces informations, un service de santé peut prévoir le nombre d'hôpitaux fixes et ambulants nécessaires[12]...

Tableau n° 6 : Proportion des soldats hospitalisés (officiers exclus) à l'armée du Bas-Rhin en juin et juillet 1757

Notes : Réserve sous le commandement de monsieur d'Armentières [Arment.] et de monsieur de Broglie.

	Dernier Juin 1757				Dernier Juillet 1757				
	Principal	Arment.	Broglie	*Total*	Principal	Arment.	Broglie	Randan	*Total*
Effectifs totaux	42 491	7 496	5 018	*55 005*	24 889	7 293	5 612	4 779	*42 573*
Hospita lisés	2 078	272	280	*2 630*	2 090	548	301	656	*3 595*
Pourcen tage	*4,9*	*3,6*	*5,6*	*4,8*	*8,4*	*7,5*	*5,4*	*13,7*	*8,4*

Source : "État de la composition des régiments de l'armée du Bas Rhin campée à Bitfeld le dernier juin 1757", (Vincennes, SHAT)

12 Hugues Ravaton, *Chirurgie d'armée ou traité des plaies d'armées à feu,* Paris, 1768, pp. 635-36 cité par Mary C. Gillett, *The Army Medical Department 1775-1818*, Internet, http ://www.army-medicine.army.mil/history/booksdocs/rev/gillett1 [téléchargement 5 mars 2002].

A1 3536, pièce 111, *Internet*, http ://www. chez.com/praetiritifides/ Anc_Reg/DocHist/A1_3536/0111.pdf [téléchargement le 6 avril 2002].

"État de la composition des régiments de l'armée du Bas Rhin le dernier juillet 1757", (Vincennes, SHAT) A1 3536, pièce 112, *Internet*, http ://www.chez.com/praetiritifides/ Anc_Reg/DocHist/A1_ 35360112.pdf [téléchargement le 6 avril 2002].

Par la suite, les prévisions deviennent de plus en plus fines : des tables donnent ainsi, pendant la Seconde Guerre mondiale, la proportion attendue de blessés en fonction du type d'opération [tableau n° 7].

Tableau n° 7 : Prévisions des pertes en tués et blessés (Seconde Guerre mondiale, Alliés)

Note : Les tués représentent environ 20 % du nombre des blessés ("*should be corrected by a factor of 20 per cent killed to give the total casualty rate*").

Situation	Débarqu.	Percée	Siège	Att. Fortific.	Trav. Rivière	Défensive
Blessés.j-1. 1 000 h-1	11,04	7,14	5,88	5,10	5,02	3,73

Source : colonel A.J. Shaw, "Medical planning factors", *Journal of the Royal Army Medical Corps,* 122, 1970, pp. 208-214.

ÉTUDIER LES PERTES : UN DÉFI IMPOSSIBLE ?

La question des sources

La guerre, par définition agitée, n'est pas propice à la tenue des statistiques[13]. Dans une armée défaite, on ne peut faire de compte précis, d'autant qu'on ne contrôle

13 *"It is hard to fight a war and keep records at the same time"* : Philip D. Curtin, *Disease and Empire,* Cambridge, 1998, p. 67.

pas le champ de bataille. Les rares sources fiables pour apprécier les pertes du vaincu sont alors, du côté victorieux, les états des prisonniers capturés (blessés ou non) et le décompte des tués retrouvés ("*bodycount*"), du côté défait, le nombre de disparus et l'état des blessés ayant pu être pris en charge par le service de santé.

La difficulté à compter les pertes est reconnue depuis longtemps... Un témoin oculaire de la première croisade observe déjà que le compte exact des morts ou des blessés ne peut être déterminé après la bataille[14]. Si l'on en croit certains historiens "modernistes", les pertes lors des guerres de l'Ancien régime ne peuvent être évaluées[15]. Les difficultés sont parfois accrues par les circonstances du moment ; ainsi, les archives des Invalides "*restèrent introuvables jusqu'au moment où, en 1961, le Service historique de l'armée de terre les découvrit dans les combles de la partie des Invalides affectée au traitement des blessés hémiplégiques, où le Ministère des Anciens combattants, qui se les était appropriées, les tenait à l'abri des chercheurs*"[16]. En 1895, au moment de la campagne de Madagascar, l'état-major de l'armée reconnaît qu'il "*ne lui est pas possible de fournir des chiffres exacts sur les pertes subies par les corps expéditionnaires qui ont pris part à la conquête de l'Algérie, de la Cochinchine, de la Tunisie, du Tonkin et du Dahomey*"[17]. Les mêmes déficiences persistent vingt ans après, puisque à l'occasion du décompte des pertes subies par la France lors de la Grande Guerre, "*le sous-secrétariat d'état du service de santé a émis lui-même*

14 "*The truth regarding the number of the dead or wounded in this or any other battle cannot be determined*" : Bernard S. Bachrach, "The Siege of Antioch : A Study in Military Demography", *War in History,* 6(2), 1999, pp. 127-146.

15 "*Il faut sans doute renoncer à évaluer les pertes militaires*" : Jean Chagniot, *Guerre et société à l'époque moderne,* Paris, 2001, p. 55.

16 André Corvisier, *Les hommes, la guerre et la mort,* Paris, 1985, p. 11.

17 "Note de la section historique de l'E.M.A. pour le 1er bureau", 12 octobre 1895, Vincennes, SHAT, 7N82.

l'avis qu'on ne pouvait tirer aucune statistique certaine des chiffres fournis [...] *en 1915*"[18].

Que peut-on mesurer aux fins d'évaluation du service de santé ?

Les études de mortalité en temps de paix sont davantage orientées vers l'aspect "médecine du travail" et présentent souvent un caractère global. Il n'en est pas de même pour les études réalisées lors des opérations, qui sont plus "ciblées" afin d'étudier le fonctionnement des formations sanitaires, notamment à l'avant.

L'espérance de vie aux armées

L'espérance de vie des combattants était très faible au XVIIe siècle. "*Celle-ci ne dépassait pas quatre ans, paraît-il, dans l'armée française de 1635 à 1659 comme dans l'armée suédoise de 1630 à 1648*"[19]. La mort était une compagne permanente avant la fin du XVIIIe siècle. Selon les registres d'incorporation de la Compagnie des Indes, 57,1 % des recrues sont orphelins de père, parmi lesquels la moitié ont aussi perdu leur mère. Or l'âge moyen du recrutement était légèrement inférieur à vingt ans[20]... Il est difficile d'apprécier l'espérance de vie des militaires au XVIIIe siècle. Les hommes admis aux Invalides "*avaient une chance sur huit d'atteindre ou de dé-*

18 "Récupération des blessés et malades pendant les dix derniers mois de 1916", Vincennes, SHAT, 7N552.

19 J. Lindegren, in Philippe Contamine, *Guerre et concurrence entre les États européens du XIVe au XVIIIe siècle,* Paris, 1998, pp. 134-140, André Corvisier, *La bataille de Malplaquet,* Paris, 1997, p. 124, cité par Jean Chagniot, *Guerre et société à l'époque moderne,* Paris, 2001, p. 140.

20 André Corvisier, "Les soldats de la Compagnie des Indes en 1755-1756", in *Les hommes, la guerre et la mort,* Paris, 1985, p. 59.

passer l'âge de 80 ans", alors que les soldats pensionnés ailleurs en avaient "*seulement une sur cinquante*"[21].

Le suivi statistique annuel de la *Royal Navy* permet de mettre en évidence une diminution progressive et constante de la mortalité du XVIIIe au XXe siècle [tableau n° 8].

Tableau n° 8 : Indice annuel de mortalité dans la Royal Navy [décès/hommes d'équipage] *et taux pour 10 000 marins.*

Années	*1776-80*	*1810-12*	*1830-36*	*1836-62*	*1863-67*	*1868*	*1885*	*1895*	*1905*	*1913*
Indice	1/12	1/30	1/72	1/70-75	1/75-100	1/110	1/112	1/143	1/256	1/309
Taux	833	333	138	137	114	91	89	70	39	32

Source : Philippe Masson, *La mort et les marins,* Grenoble, 1995, p. 318.

La mortalité hospitalière

Sous l'Ancien régime, la mortalité hospitalière est élevée, pouvant atteindre un quart à un tiers des hospitalisés. À l'époque, les maladies en sont la première cause et ce n'est qu'au début du XXe siècle que la mortalité liée aux blessures de guerre passera au premier plan. Ces taux importants baissent au cours du XVIIIe siècle, mais de manière inégale. S'ils sont proches de 10 % en Angleterre (4,7 à 10,5 pour au *Royal Infirmery* de Edimbourg), ils restent encore voisins de 20 % en Espagne[22].

Une diminution (ou un accroissement) de la mortalité hospitalière des blessés ne signifie pas obligatoirement une amélioration (ou une dégradation) de la

21 J.P. Bois, *Les anciens soldats dans la société française au XVIIIe siècle,* Paris, 1990, pp. 335-338, cité par Jean Chagniot, *Guerre et société à l'époque moderne,* Paris, 2001, p. 261.

22 Mary Lindemann, *Medicine and Society in Early Modern Europe,* Cambridge, 1999, p. 132-133.

performance du service de santé. Quatre causes d'erreur, parmi d'autres, méritent une attention particulière.

1. Une précaution méthodologique consiste à déterminer à quel moment est mesurée la mortalité hospitalière. Le nombre de décès est-il comptabilisé le premier jour de l'hospitalisation (J1), à la fin de la première semaine (J7) ou au bout d'un mois (J30) ? Les décès se produisent dans les hôpitaux de la guerre de Sept-ans (1756-1763) "*sur plus d'une centaine de jours à partir de l'admission*", avec une moyenne de "*treize à trente jours*"[23]. Cette mortalité tardive ne peut être le fait que des infections ou de la dénutrition... Les statistiques des blessés hospitalisés dans les hôpitaux de Lille à la suite de la bataille de Fontenoy (11 mai 1745) montrent l'accroissement du pourcentage de mortalité avec le recueil des décès tardifs (13,1 % à J14 et 16,9 % à J20) [tableau n° 9]. On note au passage que les blessés alliés semblent avoir un pronostic fâcheux, puisque leur mortalité est le double de celle des blessés français[24]... S'agit-il d'une différence dans la nature des soins, ou bien leur gravité est-elle plus importante, puisqu'ils ont dû rester sur le champ de bataille sans pouvoir suivre la retraite de leur armée ?

---

23 André Corvisier, "La mort du soldat français depuis la fin du Moyen-Age", in *Les hommes, la guerre et la mort,* Paris, 1985, p. 381.

24 H. Leclair, *Les hôpitaux militaires de Lille avant la Révolution,* Lille, 1925, pp. 38 et ss., cité par Médecin colonel J.-M. Des Cilleuls, "Le service de santé à la bataille de Fontenoy (11 mai 1745)", *Revue du Service de Santé Militaire* CVII (12), décembre 1937.

Tableau n° 9 : Mouvements des hôpitaux de Lille, du 11 au 31 mai, après la bataille de Fontenoy (11 mai 1745)

Note : Les données des deux sources citées par le médecin-colonel Des Cilleuls ne sont pas concordantes.

Période	*11 au 25 mai (J14)*			*11 au 31 mai (J20)*		
	Entrés	*Morts*	*% décès*	*Entrés*	*Morts*	*% décès*
Total Français	2 972	271	*9,1*	2 747	351	*12,8*
Alliés	1 067	240	*22,5*	1 125	303	*26,9*
Total général	4 039	531	*13,1*	3 872	654	*16,9*

Source : J. Colin, *Les campagnes du maréchal de Saxe,* Paris, 1906, III, pp. 243-244, et H. Leclair, *Les hôpitaux militaires de Lille avant la Révolution,* Lille, 1925, pp. 38 et ss., cités par Médecin colonel J.-M. Des Cilleuls, "Le service de santé à la bataille de Fontenoy (11 mai 1745)", *Revue du Service de Santé Militaire* CVII (12), décembre 1937.

Figure n° 2 :
Répartition des décès en fonction du temps au Viêt-Nam

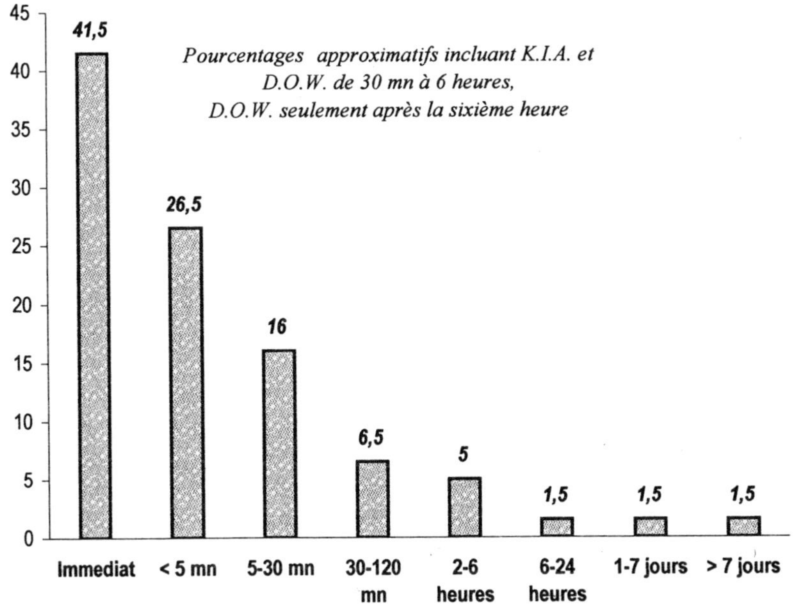

Source : R.F. Bellamy, "The Causes of Death in Conventional Land Warfare : Implications for Combat Casualty Care Research", *Military Medicine,* 149, 1984, pp. 55-62 et R.F. Bellamy, "Combat Trauma Overview", in *Textbook of Military Medicine,* Washington DC, 1996 cités in N.B. Carey, C.R. Rattelman, "Information Technologies for Marine Combat Medicine", *Military Medicine,* 163(9), 1998, p. 640-646.

2. Le choc hémorragique associé à la lenteur du ramassage était autrefois rapidement fatal, et à supposer que ces blessés eussent atteint à temps les hôpitaux, les techniques chirurgicales d'alors n'auraient pas permis de les sauver. Aujourd'hui, l'évacuation rapide des blessés graves, notamment par les moyens héliportés, testée en Indochine et en Corée avant d'être généralisée au Viêt-Nam, est devenue la règle. Des victimes destinées à mourir, en raison de la gravité de leurs blessures, grèvent ainsi le taux de mortalité hospitalière (morts des suites de leurs blessures ou "*death of wound*" [D.O.W.]). Elles auraient été autrefois enregistrées comme étant mortes

sur le champ de bataille (tués au combat ou "*killed in action*" [K.I.A.])... Cet effet est déjà constaté lors des opérations qui suivent le débarquement d'Anzio (22 janvier 1944), en raison de l'étroitesse de la tête de pont qui contraint les formations sanitaires à être très proches de la ligne des combats. Au Viêt-Nam (1960-1975), neuf décès sur dix surviennent dans les deux premières heures qui suivent la blessure : plus des deux tiers des tués américains meurent dans les cinq premières minutes, 16 % dans la demi-heure qui suit et 6 % dans le temps restant avant la fin de la deuxième heure [figure n° 2]. Il existe donc une fenêtre de durée très limitée pour espérer sauver ces blessés[25]. De fait, la mortalité dans le groupe des G.I.'s hospitalisés moins d'une heure après qu'ils ont été atteints s'avère être deux fois plus importante. Lors de la guerre du Kippour (6-25 octobre 1973), le quart des blessés nécessitant une intervention immédiate de sauvetage dans un hôpital à proximité du front meurent pendant celle-ci[26].

3. Quel est le degré de gravité des blessés enregistrés ? Le pourcentage de mortalité diminue d'autant plus que l'on accueille en milieu hospitalier des blessés légers. Les opérations à l'origine de pertes quantitativement importantes vont donc se traduire par un accroissement de la mortalité dans les formations sanitaires, non seulement en raison de la surcharge de travail, mais surtout par un report de l'accueil des blessés légers. Le contraire peut être vrai, notamment lorsque s'exerce un triage afin que le plus grand nombre des victimes puisse bénéficier au mieux des formations sanitaires saturées. En mai 1940, à Dunkerque, une note de service prescrit de "*ne*

---

25 "*There is a very limited window of opportunity to save the lives of those injured in combat*" : N.B. Carey, C.R. Rattelman, "Information Technologies for Marine Combat Medicine", *Military Medicine,* 163(9), 1998, pp. 640-646.

26 R. Pfeffermann, R.R. Rozin, A.L. Durst et al, "Modern war surgery : operations in an evacuation hospital during the October 1973 Arab-Israeli war", *Journal of Traumatology,* 16, 1976, pp. 694-703.

donner exclusivement des soins qu'aux blessés récupérables pour l'armée et à ceux-là seuls dont la vie pouvait être sauvée"[27]. Un tel triage améliore alors les résultats opératoires constatés et la mortalité hospitalière.

4. Enfin, le modèle de combat et la nature de l'agent vulnérant modifient à eux seuls la gravité et le pronostic des blessures.

L'étude du rapport [blessés/tués]

Le rapport entre le nombre de blessés et celui des tués est un des éléments permettant d'apprécier la qualité du ramassage et de la prise en charge des victimes avant leur arrivée dans les formations sanitaires. Ce rapport [blessés/tués] reste proche de 3,5 tout au long du XIXe et du XXe siècle[28]. La qualité du recueil des informations est déterminante pour juger du résultat. Le nombre de tués ne devrait pas inclure les décès secondaires (D.O.W.) afin de correspondre aux seuls cadavres ramassés sur le champ de bataille (K.I.A.). Un rapport inhabituellement bas ou élevé peut résulter de plusieurs facteurs :

- l'enregistrement des nombreux blessés légers reçus dans les formations sanitaires et renvoyés ensuite dans leurs unités sans être hospitalisés (plus élevé),
- un effet extrêmement vulnérant des armes et des conditions de combat en diminue le résultat. À l'inverse, le port de protections (casque et gilet) face à des armes légères ou à de petits éclats l'accroît notablement,
- une défaillance de la chaîne santé liée à un retard ou à une absence d'évacuation vers les unités d'hospitalisation,

---

27 Serge Hyb, Témoignage sur Dunkerque, cité par Soubiran, *J'étais médecin avec les chars...*, 1943, p. XVI.

28 Gaston Bodart, *Losses of life in modern wars : Austria-Hungary, France,* Oxford, 1916, p. 19.

Lors de la bataille de Diên Biên Phu (13 mars – 7 mai 1954), le rapport [blessés/tués] du 6e bataillon de parachustistes coloniaux [B.P.C.], d'une valeur de 3,97 au mois de mars, diminue à 2,23 pendant le mois d'avril. La dégradation de la prise en charge des blessés et les conditions de plus en plus difficiles des combats sont deux des raisons à évoquer pour expliquer cette modification[29].

L'importance des maladies en milieu tropical

Au XIXe siècle, le service de santé britannique apprécie l'état de l'armée par le recueil de quatre critères : 1er les admissions en hôpital, 2e les décès, 3e les rapatriés sanitaires (*invaliding*), 4e le taux d'indisponibles (pour 1 000 hommes) à la suite d'une blessure ou d'une maladie (*constantly sick*). L'historien Philip D. Curtin utilise des taux de mortalité mensuels par millier d'hommes (morts/mois^{-1}.1 000 hommes^{-1}). Il introduit un élément de mesure, le "coût de redéploiement" (*relocation cost*), afin d'illustrer la modification de la mortalité des troupes envoyées vers un autre théâtre d'opérations. Au début du XIXe siècle, la mortalité des soldats britanniques transférés de la Grande-Bretagne vers l'Afrique de l'Ouest pouvait être multipliée par six. L'évacuation des malades graves vers la métropole à partir des théâtres d'opérations extérieurs doit être prise en compte pour estimer la mortalité. En effet, d'une part les évacués échappent dès leur embarquement au suivi statistique du corps expéditionnaire, d'autre part certains meurent en route ou peu après leur arrivée en métropole et ne sont donc pas comptabilisés parmi les décès. Pour cette raison, Curtin propose d'utiliser un indicateur basé sur la somme des décès et des rapatriés sanitaires. Au Sénégal, la mortalité entre 1852 et 1873 diminue jusqu'à atteindre un taux de 70 pour mille, mais le taux d'évacués est encore de 228 pour mille en 1873. L'addition de ces deux

29 "Extrait du journal de marche du 6e B.P.C.", mars, avril et mai 1954, Vincennes, SHAT, 7U 3037.

valeurs montre qu'un tiers de l'effectif était perdu définitivement chaque année[30]...

Les conditions d'une guérison et d'un retour au service actif

La volonté d'agir conditionne la qualité des soins accordés aux blessés car "*tout dépend du prix accordé à la vie humaine et plus spécialement à la conservation du soldat, en particulier du précieux mercenaire bien entraîné. Cette considération a longtemps pesé quand il fallait, pour sauver une vie, pratiquer une amputation qui devait faire perdre un soldat à l'armée, d'autant plus que le succès de l'opération n'était pas certain*". Or les mutilations augmentent, notamment en raison du pouvoir vulnérant des armes et des "*progrès d'une médecine qui sauve les vies sans réparer les corps*"[31]. Richelieu (1585-1642) estime en son temps que "*2 000 hommes quittant un hôpital guéris et aguerris comptent plus que 6 000 nouvelles recrues*"[32].

La délai séparant le jour du retour au service et celui de la blessure permet de juger à la fois du sérieux de la lésion et de l'efficacité des soins prodigués. Jean-François Lemaire, cherchant à estimer l'importance des blessures reçues par les officiers ayant servi dans les armées napoléoniennes, conclut que "*le meilleur test de mesure de leur degré de gravité, en l'absence de toute observation médicale ou d'annotation propre à une période d'indisponibilité, demeure le délai qui sépare une blessure de la suivante*"[33]. Mais il existe de nombreux

---

30 Philip D. Curtin, *Disease and Empire,* Cambridge, 1998, pp. 4-5, 78, 136 & 165.

31 André Corvisier, *La guerre : essais historiques,* Paris, 1995, pp. 106-107 & 276.

32 P. Grillon, *Les Papiers de Richelieu,* Monumenta Europae Historica, cité par André Corvisier, *La guerre : essais historiques,* Paris, 1995, p. 221.

33 Jean-François Lemaire, *Les blessés dans les armées napoléoniennes,* Paris, 1999, p. 37.

"biais"... Le cas particulier du *"blessé psychique"* a fait ainsi couler beaucoup d'encre avant d'être reconnu comme une réalité méritant une approche spécifique [tableau n° 10]. *"La prise en charge précoce des réactions de combat repose sur le diagnostic initial permettant de définir les pertes santé psychiatriques et les sujets aptes au retour au combat* [...], *diagnostic différentiel entre l'angoisse réactionnelle normale et l'angoisse pathologique"*[34]. Cette discussion n'est pas close puisque l'anthropologue Allan Young considère le syndrome de stress post-traumatique [P.T.S.D.] comme le résultat d'une construction sociale liée à quatre éléments. D'abord un mouvement social visant à réclamer des pensions d'invalidité pour les vétérans du Viêt-Nam, puis une "socialisation clinique" dans laquelle les vétérans expliquent leurs symptômes selon la terminologie des architectes du P.T.S.D., ensuite l'influence de l'épidémiologie psychiatrique, essentiellement statistique, sur la production du savoir et enfin un choix très sélectif de résultats dans les études de neurobiologie et de génétique. Ainsi le P.T.S.D. *"n'est pas seulement le nouveau nom de la névrose de guerre : il apparaît, un quart de siècle après la fin du conflit vietnamien, comme un hybride de processus biologiques, de bribes de psychanalyse, mais aussi d'intérêts sociaux, politiques et économiques"*[35].

La possibilité de recevoir une indemnisation, facilitée par la conception moderne de l'imputabilité liée au service, est parfois l'explication d'un retour difficile à un service actif. Cette prise en compte de la souffrance des hommes est réelle au lendemain de la Grande Guerre. Le service de santé, qui intervient comme expert dans

---

34 *Le service de santé du régiment des forces en opérations,* Centre de perfectionnement des cadres d'active et de réserve du service de santé des armées, 1993, pp. 19-20.

35 A. Young, "Nos névroses traumatiques ont-elles un avenir ?", in A. Ehrenberg, A.M. Lovell, sous la direction de, *La maladie mentale en mutation. Psychiatrie et société,* Paris, 2001, cité par A.M. Lovell, "Traumas, névroses et autres blessures", *La Recherche*, hors-série n° 7 : *La science de la guerre : 400 ans d'histoire partagée*, pp. 92-94.

l'attribution des pensions, s'appuie certes sur des critères médicaux, mais il les pondère en fonction des objectifs fixés par le pouvoir politique. Il s'agit en fait de retenir les "*présomptions les plus larges quant à l'origine des blessures et des maladies*"[36].

Tableau n° 10 : Principes de prise en charge des troubles psychiatriques de guerre

Notes : Initialement décrits par T.W. Salmon, "War neuroses ('shell shock')", *Military Surgeon,* 41, 1917, pp. 674-693.

Le traitement devrait être réalisé à l'avant, basé sur la conviction d'une récupération précoce et d'un retour en unité (principe d'expectative),
Les psychiatres ne doivent prendre en charge que les cas compliqués, afin d'éviter un recours à l'alibi de la maladie par les personnels proches de leurs limites d'endurance,
Le traitement doit être bref, simple, basé sur une écoute attentive,
L'évacuation vers l'arrière est rarement suivie d'un retour en unité ; ses inconvénients propres sont le "syndrome de l'évacuation"", contagieux, et le "bénéfice secondaire", source d'auto-persistance des signes.

Source : Colonel T.B. Stephens, "Psychiatric battle casualties from a biological viewpoint", *Journal of the Royal Army Medical Corps,* 122, 1976, pp. 129-134.

36 Marin, "Rapport supplémentaire fait au nom de la commission du budget, n° 6659, 5 août 1919", Vincennes, SHAT, 7N552.

QUELQUES EXEMPLES HISTORIQUES...

Madagascar (1895)

> *Il n'était pas suffisant que le milieu médical sache ce qui devait être fait ; il fallait aussi que quelqu'un dans le commandement s'assure que ce fût fait*[37].

Le désastre sanitaire de l'expédition française de Madagascar (1895) a fait l'objet de publications dans le journal *Médecine et Armées*[38] et dans la *Revue Historique des Armées*[39]. Le paludisme est la cause quasi-exclusive de l'effroyable mortalité constatée. On compte 5 592 morts sur un effectif de 15 431 hommes, soit un pourcentage moyen de décès de 36 %. Les médecins sont relativement épargnés avec quatre morts seulement sur un effectif de 97 praticiens (4 %). La connaissance des campagnes antérieures en milieu tropical aurait pu être utilisée. Mais c'est surtout l'absence de respect de l'instruction du 18 janvier 1895 qui est à l'origine de ce désastre[40]. Il s'agissait bien d'organisation et non de

---

37 *"It was not enough for advanced medical circles to know what had to be done ; someone in command had to make sure that it was done"* : Philip D. Curtin, *Disease and Empire,* Cambridge, 1998, p. 26.

38 P. Aubry, "L'expédition française de Madagascar en 1895, un désastre sanitaire : pourquoi ?", *Médecine et Armées,* 1979, pp. 745-751.

39 *Revue Historique des Armées,* (1) 1992, lieutenant-colonel Coat, "Campagne de Madagascar : La préparation de l'expédition 1894-1895", p. 25-30., lieutenant-colonel Peter, "Campagne de Madagascar : logistique du corps expéditionnaire", pp. 31-40, chef de bataillon Amelineau, "Campagne de Madagascar : désastre sanitaire", pp. 41-51.

40 La prophylaxie à la quinine était obligatoire selon cette instruction, à la dose de 10-20 cg quatre jours sur sept. L'échec fut lié à une mauvaise observance et à des posologies insuffisantes en raison des efforts physiques fournis par la troupe. L'instruction prévoyait aussi le port du casque et de la moustiquaire, un repos journalier et hebdo-

climat, puisqu'en 1897 le taux *annuel* de mortalité des troupes françaises de Madagascar était inférieur aux taux *mensuels* de 1895[41].

Il est donc conseillé d'examiner soigneusement ce qui est recommandé, ce qui est ordonné et enfin ce qui est réalisé[42]. La confiance réciproque entre le service de santé et le commandement prend là toute son importance... La leçon de Madagascar ne semble pas avoir été retenue à la perfection puisque, dans ses souvenirs, Emile Labargy, 2e classe en Indochine, témoigne encore d'une certaine négligence : "*La quinine était bien souvent absente de notre ordinaire. La moustiquaire de combat était laissée la plupart du temps en base arrière pour alléger nos sacs à dos*"[43]. À Diên Biên Phu, des analyses d'urine, réalisées pour apprécier l'observance de la prise quotidienne d'antipaludéens, montrent "*dans certaines compagnies, 100 % de résultats négatifs*"[44].

L'implication du commandement afin de faire respecter les consignes sanitaires avait pourtant montré son intérêt lors de la campagne de Birmanie (1942-1944). Le général Slim exige alors de ses chefs de corps des résultats probants et leur définit des "*contrats d'objectifs*". Les officiers sont remplacés si le seuil d'observance de la prophylaxie contre le paludisme tombe au dessous de 95 % dans leur unité[45].

---

madaire, des étapes de moins de15 kms et une charge inférieure à 25 kgs.

41 Philip D. Curtin, *Disease and Empire,* Cambridge, 1998, pp. 189-190.

42 "*Examining what was recommended, what was ordered, and what was done*" : Philip D. Curtin, *Disease and Empire,* p. 114.

43 Emile Lebargy, *Indochine de ma jeunesse,* Fréjus, 1999, p. 58.

44 Roger Bruge, *Les hommes de Dien Bien Phu,* Paris, 1999, p. 81.

45 "*A new policy made unit commanders personally responsible for regular chemoprophylaxis of their troops*" : L.J. Bruce-Chwatt, "Mosquitoes, Malaria and War ; then and now", *Journal of the Royal Army Medical Corps,* 131, 1985, p. 85-99.

La Grande Guerre (1914-1918)

L'accroissement de l'efficacité du service de santé permet de renvoyer aux armées 564 000 blessés en 1917 et 720 000 autres en 1918 [tableau n° 11].

Tableau n° 11 : devenir des blessés reçus en formation sanitaire (%) et durée moyenne d'hospitalisation [D.M.S.]

Récupérés		*Non récupérables au service actif*		
Zone des armées	*Zone de l'intérieur*	*Réformés*	*Inaptes*	*Morts*
62	26	8,2	3	0,8
D.M.S. 30 jours	D.M.S. 5 mois			

Source : Roure, "Documents relatifs à l'effort d'utilisation des ressources en personnel au cours de la guerre", octobre 1919, Vincennes, SHAT, 7N552, chapitre III, p. 10.

Les commissions de réforme, dans lesquelles siège le service de santé, sont mises à contribution pour récupérer à toute force des personnels aptes au service, en raison de la crise des effectifs à laquelle est confrontée l'armée française. La loi Dalbiez (juin 1915) permet ainsi de renvoyer aux armées 650 000 "embusqués". La loi du 20 février 1917 met en place une commission spéciale de réforme qui reprend 1 200 000 hommes sur 2 000 000 d'exemptés[46].

---

46 Philippe Masson, *L'homme en guerre 1901-2001,* Paris, 1997, pp. 92-94.

Diên Biên Phu (13 mars – 7 mai 1954)

> *C'est dans le domaine médical que l'impréparation des mois de siège eut les conséquences les plus tragiques*[47].

La bataille de Diên Biên Phu s'accompagne d'une mortalité élevée des blessés admis en antenne chirurgicale [tableau n° 12 et figure n° 3]. Le pourcentage de 12 % de décès secondaires est très supérieur aux résultats habituels de la guerre d'Indochine [tableau n° 13]. La rupture de la chaîne santé, consécutive à l'interdiction de la piste d'aviation, contraint le service de santé à un fonctionnement en "mode dégradé".

Tableau n° 12 : Statistique des antennes chirurgicales mobiles [A.C.M.] *et parachutistes* [A.C.P.] *à Diên Biên Phu (1954)*

Note : L'A.C.P. 3 du médecin-lieutenant Résillot reçoit jusqu'au 7 mai 556 blessés et en opère 331 (216 graves et 115 légers). On compte 71 décès secondaires (12,8 %), dont 34 en cours d'intervention.

Mois	*Entrants*	*Opérés*	*Décédés*	*Détail en Mars*	*Entrants*	*Opérés*	*Décédés*
Mars	1 153	188	120	A.C.M.	757	82	46
Avril	1 351	665	173	A.C.P. 6 (*Eliane*)	264	46	63
1-6 Mai (7 mai exclu)	161	81	26	A.C.P. 3 (*Isabelle*)	132	60	11
Total	2 665	934	319	Total	1 153	188	120

Sources : Rapport du médecin général Jeansotte, directeur des services sanitaires en Extrême-Orient, cité par Pierre Rocolle,

47 Colonel Pierre Langlais, *Dien Bien Phu,* Paris, 1963, pp. 64-65.

Pourquoi Diên Biên Phu ?, Paris, 1968, p. 307, Pierre Rocolle, *Médecins à Diên Biên Phu,* Paris, 1992, pp. 128-129 et 171-172.

Tableau n° 13 : Mortalité hospitalière des blessés lors de la guerre d'Indochine (1945-1954)

Note : La mortalité annuelle est estimée en pourcentage du nombre de blessés pris en charge par les formations sanitaires.

Année	*1948*	*1949*	*1950*	*1951*	*1952*	*1953*
Mortalité	5,61	4,81	4,27	4,50	3,26	2,90

Source : Commandement en chef en Extrême-Orient (3e Bureau EM), *Enseignements de la guerre d'Indochine,* 1955, II, p. 81, Val de Grâce, carton 166.

En moins d'un siècle, entre la guerre de Sécession (1861-1865) et la guerre de Corée (1950-1953), la mortalité des blessés diminue de 16 % à moins de 2 %[48]. Les blessures graves de l'abdomen constituent un sous-groupe qui reproduit fidèlement, mais à un niveau plus élevé, la courbe de la mortalité globale. Le pronostic des blessés de l'abdomen peut donc être retenu comme un critère d'évaluation d'un service de santé... À Diên Biên Phu, près d'un blessé de l'abdomen sur deux ne survit pas[49].

48 Philippe Masson, *L'homme en guerre 1901-2001,* Paris, 1997, p. 125.

49 *"Ces blessures là ne pardonnent pas" :* Emile Lebargy, *Indochine de ma jeunesse,* Fréjus, 1999, p. 122.

Figure n° 3 : Mortalité des blessés (mortalité globale et mortalité des blessures de l'abdomen) lors des conflits

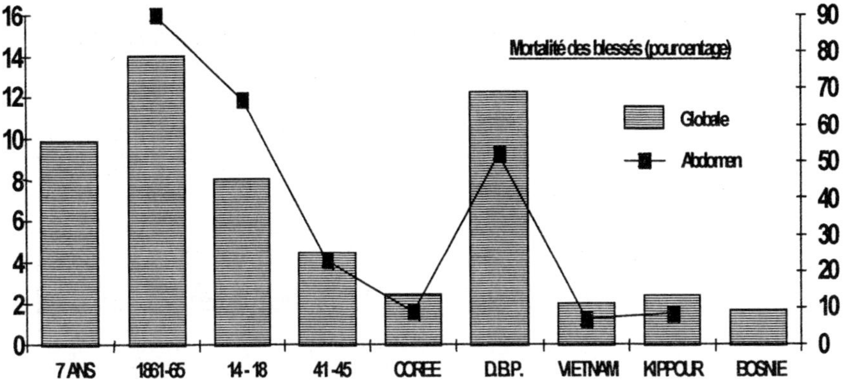

UNE CONCLUSION RÉALISTE, L'OBJECTIF "DOUBLE ZÉRO"

> *L'historien peut discuter du nombre exact des tués et des morts de maladie, l'opinion ne discute pas. Elle a tendance à exagérer le chiffre des pertes et c'est le nombre arrondi, supérieur à la réalité, qui seul a une valeur auprès des contemporains*[50].

L'option "double zéro" a été très en vogue pendant une période transitoire d'optimisme, bornée par l'effondrement du bloc de l'Est et par les attentats du 11 septembre 2001. Cette option peut être atteinte par deux voies très différentes. La première consiste à ne subir aucune perte (ni mort, ni blessé grave) dans les forces amies. La seconde vise à l'absence de pertes amies *et* ennemies, conformément à "*la volonté de minimiser les pertes en vies humaines dans nos rangs, chez l'adversaire éventuel et surtout dans la population civile*"[51].

Lors de la guerre du Golfe (*Daguet*, 1991), le service de santé des armées ne déplore aucun décès parmi les

---

50 André Corvisier, "La mort du soldat français depuis la fin du Moyen-Age", in *Les hommes, la guerre et la mort,* Paris, 1985, p. 382.

51 *Livre blanc sur la défense,* 1994, p. 116.

blessés français pris en charge par les formations sanitaires[52]. Ce résultat fort louable, facilité par le très faible nombre de pertes subies au combat[53], ne doit cependant pas faire oublier qu'il n'est guère possible de faire la guerre sans pertes... Corbett, auteur britannique de stratégie navale, écrivait au lendemain de la Première Guerre mondiale qu'il s'agissait là d'un rêve dangereux : "*chercher l'invulnérabilité, c'est baser nos plans sur la prétention que la guerre peut être faite sans pertes, en un mot sur quelque chose qui n'a jamais été et ne pourra jamais être*"[54]. Le service de santé des armées doit donc se préparer...

52 "Le service de santé dans la guerre du Golfe", *Médecine et Armées*, numéro spécial, 1992, p. 83.

53 "*Les pertes humaines de la Coalition furent inférieures à 0,04 %, chiffre miraculeusement bas, dû à la rapidité de l'effondrement, de la fuite et de la reddition des Irakiens ; il serait déraisonnable d'extrapoler à partir de telles données*" : Khaled Ben Sultan, *Guerrier du désert,* Paris, 1995, p. 474.

54 Julian S. Corbett, *Principes de stratégie maritime,* Paris, 1993, p. 218.

La difficulté d'apprécier la gravité - ou la non-gravité - d'une blessure au vu du dossier militaire d'un officier des armées napoléoniennes

Jean-François LEMAIRE

La possibilité de s'assurer de la matérialité des atteintes corporelles des blessés des armées napoléoniennes, de les comptabiliser, mais surtout, dépassant leur libellé, d'en mesurer la gravité paraît à première vue facile. Du moins au niveau des officiers, la section administrative des unités ne manquant ni de documents destinés à consigner ces blessures, ni d'employés aux écritures persuadés que le crissement de leurs plumes les mettait, momentanément du moins, à l'abri du sifflement des balles.

Les dossiers individuels des officiers[1], détenus au ministère de l'Administration de la guerre et constitués pour cette rubrique par les informations consignées au soir des batailles, devraient donc nous permettre de réunir sur la gravité des blessures de tel officier, un minimum, sinon de précisions, du moins d'indices exploitables. En 1900, A. Martinien, "*employé aux archives du*

---

1 Officiers ou assimilés. Ainsi, le personnel médical des armées de l'Empire n'obtiendra jamais de Napoléon "*le droit à l'épaulette*". À défaut d'une assimilation officielle, une équivalence fut cependant admise et les dossiers individuels de ces civils sont répertoriés au SHAT.

ministère de la Guerre" – comme il se présente lui-même –, établissant, au terme d'un labeur de bénédictin, des tableaux d'officiers tués ou blessés dans les guerres napoléoniennes, qualifiait de "*tout à fait inexécutable*" l'idée même de descendre jusqu'aux sous-officiers, à plus forte raison jusqu'aux hommes de troupe. On ne peut que déplorer d'être limité de cette façon, mais, même ainsi, les listes de Martinien, révisées en 1909[2], puis les notices de G. Six pour les officiers généraux (1934), de D. et B. Quintin pour les colonels (1996), ont permis de cibler au SHAT un nombre suffisant de dossiers pour éclairer valablement l'ensemble.

Une surprise de taille se dissimulait dans leur synthèse : **le libellé d'une blessure ne renseigne nullement sur la gravité de celle-ci.** Deux éléments de mesure[3] existent bien dispose pour apprécier les conséquences d'une "*balle en pleine poitrine*". Ce sont soit le fait que, quelques jours après *cette balle en pleine poitrine*, l'intéressé, sabre au poing et bien en selle, recevra au cœur d'une autre bataille une autre blessure dont l'intitulé pourra très bien être "*balle en pleine poitrine*", soit le fait que sa fougue, lors de cette autre bataille, lui vaudra une note au dossier attestant de son "*ardeur au combat*". Une ardeur tout à fait louable, mais qui démontre accessoirement que l'intéressé ne se ressentait plus de sa blessure. Puis, dans les semaines suivantes, on le verra quitter son unité, non pour gagner un hôpital ou aller aux eaux, mais pour se rendre à 1 500 kilomètres de là prendre un autre commandement.

On admettra qu'à la longue ces balles-là puissent troubler ! Mais ces cas de figure, pour éclairants qu'ils soient, ne correspondent qu'à un faible pourcentage du nombre global de blessés.

---

2 Rééditées à l'état brut, sans aucun ajout ni appareil critique, par les Editions Militaires Européennes autour de 1960 (s.d.).

3 Il en est un troisième : le certificat du chirurgien qui aura donné les soins ou pratiqué l'amputation. Ce document est alors effectivement précieux, mais il est rare. Je ne l'ai rencontré que dans 5 % des dossiers étudiés au SHAT (Colonel Sourd, par exemple, p. 11).

Le maréchal Oudinot

Portons-nous ici vers cette source qui devrait être la plus dépourvue d'interprétation ou de subjectivité : celle de ces dossiers militaires passés, de nos jours, de l'Administration de la Guerre au Service Historique de l'Armée de Terre (SHAT). À tout seigneur tout honneur, débutons par celui du maréchal Oudinot (1767-1854) dont l'étude suscite beaucoup de circonspection, car au cours de sa carrière, lui-même y multipliera les plongées, contrôlant ses états de service et corrigeant les omissions qu'il considérait y trouver. De fait, nul de son vivant ne se serait risqué à donner le chiffre exact de ses blessures reçues au combat. Mais le plus étonnant est cette comptabilité personnelle que lui-même tenait et dont je n'ai pas trouvé d'autre exemple[4].

Ainsi, dès 1795, alors que l'impressionnante liste vient à peine de débuter, considère-t-il que les mentions :

> *une balle à la tête à Buxvillers, le 6 Frimaire an II, et jambe fracassée dans une charge de cavalerie à la prise de Trèves.*

sont insuffisantes. Il adresse alors au ministère un certificat attestant :

> *qu'à la suite de la réduction de la fracture[5], il est resté une tuméfaction considérable des muscles et des malléoles de cette jambe qui ne lui permet de marcher qu'en boitant.*

---

4 Au travers des dossiers, les correspondances sont fréquentes pour signaler l'omission ou la mauvaise transcription d'une blessure, mais un tel suivi, du début à la fin de la carrière, est exceptionnel.

5 Une fracture, lorsque le terme est employé, a la même signification qu'aujourd'hui. En revanche, un membre *"fracassé"* n'a pas le sens des délabrements ou des gros dégâts qu'il a de nos jours. Il s'agit simplement d'une fracture. Ainsi le dossier au SHAT du maréchal Soult cite-t-il *"une jambe fracassée"* qui n'est autre qu'une fracture de jambe dont le maréchal ne se ressentira qu'assez peu par la suite.

De plus, pour ce qui est de la première blessure, les chirurgiens en profitent pour préciser :

> *qu'il eut un coup de feu à la partie supérieure de l'occipital avec lésion du péricrâne, lequel occasionne encore aujourd'hui de si violents maux de tête qu'ils sont quelquefois suivis de vomissements importants.*

Le temps passe, durant lequel Oudinot est de toutes les affaires. Le 24 vendémiaire an XIII (15 octobre 1804), nouvelle incursion dans son dossier, suivie d'une note grinçante adressée au secrétaire général du ministère de l'Administration de la Guerre. N'a-t-on pas oublié dans l'énumération de ses blessures :

> *une balle à la cuisse, trois coups de sabre sur les bras, un sur le col, une balle dans la poitrine, une balle à l'omoplate.*

et le futur maréchal d'ajouter :

> *les généraux peuvent les attester et au besoin les cicatrices elles-mêmes.*

Nous sommes alors loin du total, la dernière des blessures ne survenant que dix ans plus tard, le 28 mars 1814 : "*une balle à la tête à Bar-sur-Ornain*". Lors ces différentes plongées, Oudinot ne sollicite rien, ni congé, ni cure. Il souhaite seulement que son dossier soit à jour. Voici donc la liste officielle figurant à la rubrique correspondante de ses états de service clos à sa mort en 1840.

Elle ne compte pas moins de 27 blessures[6] :

- balle à la tête à Buxvillers[7] le 6 frimaire an II ;
- jambe fracassée à la prise de Trèves ;

---

6 Alors qu'il est question de 32 blessures dans le *Dictionnaire Napoléon*. Jean Tulard (dir.), Fayard, Ed. 1988, rééd. 1997.

7 L'orthographe de lieux est reproduite telle qu'elle se trouve transcrite dans les dossiers. Nul ne conteste qu'elle soit parfois, et même assez souvent, approximative.

- cinq coups de sabre à la tête et au corps ; balle dans le corps, à Neckrau, le 16 vendémiaire an IV ;
- balle dans la cuisse à Ingolstadt ;
- trois coups de sabre sur le bras et deux au col à Gampsheim ;
- balle dans la poitrine près de Zurich ;
- balle dans l'omoplate à Schwitz ;
- balle en pleine poitrine à Zurich ;
- balle traversant la cuisse à Hollabrunn ;
- jambe brisée et un cheval tué sous lui à Dantzig ;
- contusions et un cheval tué sous lui à Friedland ;
- coup de sabre au bras à l'île Lobau ;
- balle à l'oreille à Wagram ;
- grièvement blessé par un biscaïen à l'épaule à Polotzk ;
- balle dans le côté à la Bérézina ;
- éclat de bois à Pletchitzoë ;
- contusion et un cheval tué sous lui à Leipzig ;
- les deux cuisses éraflées par un boulet à Brienne ;
- balle en pleine poitrine à Arcis-sur-Aube ;
- balle à la tête à Bar-sur-Ornain le 28 mars 1814.

Mais une seconde liste figure au dossier. Elle a été établie en 1853, Napoléon III souhaitant honorer les survivants de l'épopée (Harispe et Exelmans reçoivent le bâton) ou à travers leurs veuves (celle d'Oudinot est au premier rang et il est même prévu pour elle "*une récompense nationale*"). D'où cette nouvelle étude des bureaux qui a sur l'autre liste l'avantage de placer une date en face de chaque blessure, mais, pour le maréchal défunt, elle présente l'inconvénient de ramener celles-ci à 22. Dans une séquence qui sent plus l'odeur de la cire des bureaux que celle de la poudre et nous fait irrésistiblement penser à Argan émondant la facture de M. Purgon au début du *malade imaginaire* :

- *coup de feu à la tête*	*17.12.1793*
- *jambe fracassée par coup de feu*	*08.08.1794*
- *blessé de 5 coups de sabre à la tête et d'un coup de feu*	*18.10.1795*
- *4 coups de sabre et cuisse transpercée par une balle*	*11.09.1796*
- *balle à la poitrine*	*04.06.1799*
- *balle à l'omoplate*	*14.08.1799*
- *balle en pleine poitrine*	*25.09.1799*
- *cuisse transpercée par balle*	*16.11.1805*
- *jambe cassée par chute de cheval en service*	*14.06.1807*
- *blessé coup de sabre au bras*	*22.05.1809*
- *blessé balle à l'oreille*	*06.07.1809*
- *grièvement blessé biscaïen épaule*	*18.08.1812*
- *blessé balle dans le côté*	*28.11.1812*
- *les deux cuisses éraflées par boulet*	*29.01.1814*
- *balle en pleine poitrine* (amortie par sa plaque de grand aigle)	*20.03.1814*

Entre les deux listes, une différence de taille : cette "*balle à la tête*" du 28 mars 1814, présente sur la première et absente de la seconde. Mais le plus étonnant n'est pas cette divergence, ce serait, si l'on s'en tient à la première liste qu'Oudinot se soit trouvé à même de recevoir une "*balle à la tête*" une semaine à peine après avoir reçu "*une balle en pleine poitrine*". Dès lors, ne devrait-on pas conclure à une erreur de transcription sur la liste de 1840 corrigée – donc gommée – sur celle de 1853 ? L'hypothèse est plausible, mais un examen attentif des différents postes de chacune des deux montre que cette piste tourne court. Dans bien d'autres blessures reçues par Oudinot, la brièveté du temps écoulé entre deux d'entre elles oblige à moduler la gravité que l'on aurait normalement tendance à associer à l'intitulé de la première des deux. Que veut dire "*balle à la poitrine*" (juin 1799) alors qu'à peine deux mois plus tard (août 1799), Oudinot est frappé d'une "*balle à l'omoplate*" et quelles séquelles laissent ces deux balles reçues si proches l'une de l'autre, dans la mesure où, à peine un mois après la seconde, (septembre 1799), l'intéressé va recevoir - excusez du peu - une "*balle en pleine poitrine*". De même, le coup de sabre du 22 mai 1809 n'a pas dû être bien tranchant, puisque, le 6 juillet, Oudinot est à nouveau blessé en combat, collectionnant ce jour-là une "*balle à l'oreille*", plusieurs contusions et une cuisse transpercée par un autre projectile. Observons enfin que le biscaïen (petit boulet) qui le touche à l'épaule le 18 août 1812 s'accompagne de l'exceptionnelle annotation "*grièvement blessé*". Or, trois mois plus tard, ce sont les deux blessures reçues – une sur chaque rive - au passage de la Bérézina.

À ce point-ci, un soupçon ne peut pas ne pas ne pas venir à l'esprit : le maréchal n'aurait-il pas eu le souci de multiplier ses blessures ? Un sentiment que l'intérêt qu'il portait lui-même à son dossier ne peut que renforcer. Mais là encore, c'est faire fausse route, car à la lecture de diverses relations, le nom d'Oudinot apparaît associé de façon indubitable à plusieurs blessures négligées par les deux listes ou gommées de la seconde.

Ainsi, le grenadier Pils, dont le *Journal de Marche*[8] est considéré avec sérieux, est-il présent lorsque le chirurgien-major Lapiomont, à Wagram (1809), panse Oudinot dont la cuisse droite vient d'être traversée par une balle. Sans doute cette atteinte n'est-elle pas très grave et le blessé n'a-t-il pas couru grand risque en exigeant de demeurer sur place durant les soins, mais pourquoi renoncer à cette blessure là alors qu'une autre, reçue précédemment et qui paraît rigoureusement identique – "*cuisse transpercée par balle*" - est bien à sa place sur les deux états. Elle n'est pourtant pas plus sérieuse à en juger par les notes du chirurgien-major Dumas[9]. Blessé le 16 novembre 1805, Oudinot est de nouveau à la tête de ses grenadiers le 1er décembre, veille d'Austerlitz.

---

8 *Journal de marche du grenadier Pils*, annoté par R. de Cisternes, Paris, 1893. "*Le Mémorial d'Oudinot*" juge Tulard, qui n'en retient pas moins l'exactitude des faits.

9 Chir. Maj. Dumas, *Collectif sur la campagne de 1806*, Teisseidre, Paris, 1997.

Autre surprise : la blessure par éclat de bois à Ptelchizoë (novembre 1812) a disparu de la seconde liste. Fut-elle insignifiante ? Justement pas. Un peloton du premier régiment de lanciers polonais – dont le chirurgien-major Girardot – vient de rejoindre Oudinot, blessé par une balle *"au côté"* lors du franchissement de la Bérézina et qui a été transporté dans une masure voisine. À peine les lanciers ont-ils mis pied à terre que les cosaques attaquent. La maison sera finalement dégagée, mais un boulet aurait fait voler en éclat la pièce où le maréchal, immobilisé sur un matelas, est à nouveau blessé. Le *Journal de marche* du régiment polonais[10], mais aussi le baron Denniée, dans son *Itinéraire de l'empereur Napoléon durant la campagne de 1812*, relatent chacun l'épisode[11].

Quelle conclusion tirer de ce dossier ? Elle n'est pas évidente, car même s'il convient de réduire à plusieurs reprises les conséquences de ces blessures au point d'en effacer certaines, un tel catalogue coupe le souffle et ne peut qu'inciter à révérer la Providence qui, malgré trois balles *"à la tête"*, trois autres *"en pleine poitrine"*, une dans le ventre, un coup de vent du boulet ("l*es deux cuisses éraflées par un boulet*"), quatre balles dans les cuisses dont une avec fracture du fémur, et un nombre incalculable de coups de sabre a permis au vieux maréchal de mourir dans son lit, sans infirmité apparente, à 80 ans sonnés. Sans infirmité, mais non sans cicatrices, car, dans les années 1830, lorsque le maréchal Canrobert, alors capitaine, le croisera sous la douche aux eaux de Barèges, rien ne surprend moins que l'expression qu'il emploiera pour le définir : *"Ce n'était qu'une passoire"*.

Mais, si nul ne peut rivaliser avec Oudinot, bien d'autres incitent à la même perplexité quant à la gravité des lésions présentées. Et pour eux, comme pour lui, le

---

10 A.Rembowski, *Documents sur (...) le régiment des chevaux-légers de la Garde*, Varsovie, 1899.

11 P.P. Denniée, *Itinéraire de l'empereur Napoléon pendant la campagne de 1812*, Paris, 1845. Tulard souligne son *"authenticité et son intérêt"*.

meilleur test de mesure, en l'absence de toute observation médicale ou d'annotation propre à une période d'indisponibilité, demeure le délai qui sépare une blessure de la suivante. Telle est la clé dont nous disposons. Utilisons-la dans le cas d'autres blessés, officiers généraux supérieurs et subalternes. Également dans le cas d'un tambour. Le statut des uns et des autres est bien différent, la clé tournera cependant de la même façon.

Cartier (Pierre), 1766-1818, colonel

Après une carrière assez active où il est plusieurs fois blessé, il se distingue tout particulièrement en 1813 lors de la campagne d'Allemagne :

- blessé à la jambe droite, le 23 août 1813, en "*enlevant à la baïonnette avec son bataillon une redoute ennemie*" ;
- très grièvement blessé à Drebnitz le 13 septembre, recevant deux coups de feu, un coup de baïonnette, un coup de sabre et un coup de lance.

L'expression "*très grièvement blessé*" doit être prise au sérieux et la gravité des blessures reçues à Drebnitz ne se discute pas. Si Cartier est promu colonel le 19 septembre, son dossier, de poste administratif en poste administratif, démontre bien qu'il n'est plus, par la suite, en état d'exercer un commandement effectif. En revanche, pour s'être ainsi comporté en héros le 13 septembre, il fallait que la blessure reçue le 23 août ait été peu de chose. On aurait pu penser le contraire, l'expression "*enlevant à la baïonnette*" évoquant le corps à corps.

Charroy-Brieulle (Jean), 1771-1812, colonel

Lieutenant d'infanterie, il reçoit plusieurs blessures entre 1792 et 1795, qu'il s'agisse d'un coup de sabre à la tête, d'un coup de boulet au côté gauche de la poitrine ou d'un éclat d'obus au niveau d'une épaule. Les délais entre ces blessures ne supposent aucun commentaire, sinon qu'un "*coup de boulet au côté gauche*" n'aurait pas dû *à priori* être tout-à-fait anodin. Mais voyons les deux suivantes :

- blessé d'un coup de feu à la jambe droite à Wagram le 5 juillet 1809 ;
- blessé d'un coup de boulet au pied gauche le 6 juillet 1809.

Le délai entre ces deux blessures ne permet pas d'accorder beaucoup de crédit à la première et, bien qu'il s'agisse à nouveau d'un boulet, la seconde ne paraît pas non plus bien sérieuse, puisque leur addition, pas plus que leur localisation (les deux membres inférieurs) n'empêcheront Charroy-Brieulle de traverser l'Europe, fin 1809, pour prendre un commandement en Espagne, où il sera présent dès janvier 1810.

Baron Corbineau (Marie-Louis), 1780-1823, colonel de cavalerie

Marie-Louis est le digne frère des généraux Corbineau. Comme eux, il collectionnera les blessures. Mais, de toutes celles qu'il reçut, un "*lot*" laisse cependant perplexe :

- blessé par sept coups de sabre à la tête, particulièrement à la tempe droite, à Lopaezyn, le 23 décembre 1806 ;
- blessé d'un coup de biscaën à la cuisse droite à Eylau, le 8 février 1807.

Dans son cas, on mesure mal comment Corbineau, alors capitaine, aussi lourdement frappé à la tête dans les derniers jours de décembre, pourra, à peine un mois plus tard, être en mesure de commander, à Eylau, la charge de sa compagnie de chasseurs.

Daumas (Marie-Guillaume), 1763-1838, général de brigade

Sous-officier de l'Ancien Régime, élu lieutenant-colonel en 1791, il sert dans différents corps d'armée avant d'être affecté à celui d'Helvétie en 1798. Il est alors touché à plusieurs reprises :

- blessé par une balle à la cheville gauche à Martinsbrück le 25 mars 1799 ;
- blessé par une balle à l'extrémité supérieure du bras droit le 30 avril 1799 ;
- remarqué lors de la prise d'Attinghausen le 14 août 1799.

Trois mois et demi s'écoulent entre les deux blessures reçues par Daumas au printemps et sa belle tenue à Attinghausen à la mi-août. Compte tenu de la localisation de ces atteintes par balles (cheville gauche et épaule droite) ce délai paraît court ou alors souligne l'absence de la moindre complication. À noter que l'intéressé sera de nouveau blessé en mai 1800 par un biscaïen lui traversant les deux cuisses. Les suites seront alors plus classiques : nommé général, il demeurera à l'armée, mais durant toute la période de l'Empire, il ne sera plus affecté qu'à des postes administratifs.

Baron Dellard (Jean-Pierre), 1774-1832, général de brigade

Dellard aura bien reçu quelques blessures auparavant, mais celles qui retiennent l'attention se situent en 1808 en Espagne :

- blessé par une balle à Espinosa le 11 novembre 1808 ;
- remarqué à Somo-Sierra le 30 novembre 1808
- blessé d'une balle au bras gauche à la prise de Madrid le 4 décembre 1808.

Soit deux blessures par coups de feu à moins d'un mois d'intervalle, ce qui relativise la première. À noter -

ce qui n'est pas rare dans les dossiers exploités - la notion d'une cure consécutive à la deuxième (4 décembre 1808). Dellard est, en effet, envoyé aux eaux d'Aix-la-Chapelle et dès février 1809, on le retrouve à la tête de son régiment. Blessé à Madrid en décembre, il ne peut avoir été en cure à Aix-la-Chapelle (en toutes lettres, il ne s'agit ni d'Aix-les-Bains ou Aix-en-Provence) et être de retour en février à proximité de Madrid. Deux hypothèses : ou Dellard a renoncé à sa cure et cette modification n'a pas été portée au dossier, ou le secrétaire a fait une confusion avec Aix-en-Provence où la cure aurait, pour une raison indéterminée, été écourtée. La première hypothèse paraît la plus vraisemblable dans la mesure où il conserve son grade et la même affectation. S'il y avait eu un changement à ce niveau, on pourrait penser à une annotation apportée en son absence, ce qui n'est pas le cas.

En 1812, nouvelle blessure déterminant une immobilisation encore plus brève :

- blessé par un biscaïen à la jambe gauche le 11 novembre 1812 ;
- le 15 novembre, dirige le passage vers Smolensk des approvisionnements du corps d'armée.

Baron Sourd, 1775-1849, colonel du 2e régiment de lanciers de la Garde

Après plusieurs blessures espacées dans le temps, le dossier du SHAT indique :

- blessé de deux coups de baïonnette au bas-ventre à Iéna 14 octobre 1806 ;
- blessé de plusieurs coups de sabre dans la tête à Eylau 7 février 1807.

À première vue, les blessures au bas-ventre sont toujours de sombre pronostic. Généralement, les chirurgiens, Larrey en tête, ne s'y attardent même pas. De plus, lorsqu'il s'agit de plaies par balle, le projectile peut être en fin de course et n'agir que peu, ce qui n'est jamais le cas des blessures par coups de baïonnette qui supposent, sinon le corps à corps, du moins la proximité, donc la violence des coups. Aussi peut-on être surpris que, trois mois plus tard et, qui plus est, dans l'horrible hiver polonais, Sourd, bien en selle, ait été à même de recevoir à Eylau d'autres coups de sabre qui ne seront d'ailleurs pas les derniers.

Jugeons en par les détails qui vont suivre, extraits d'un certificat médical figurant à son dossier :

> (Il reçut) *six coups de sabre le 17 juin 1815. Le 1er, dont la cicatrice existe sur le pariétal droit. Le second à la face antérieure et supérieur de l'orbite au-dessus du sourcil gauche.*
> *Le 3e, long de 5 pouces, à la partie supérieur de l'omoplate gauche.*
> *Les 3 autres bien plus graves étaient situés, l'un à la face antérieure du poignet droit et pénétrait profondément l'articulation, l'autre à la face postérieure de la même extrémité et divisait toutes les capsules articulaires. Le 3e beaucoup plus considérable était situé au coude droit, mettait à nu toute l'articulation et partageait l'humérus dans sa largeur. La gravité de ces blessures nécessita l'amputation du bras au tiers inférieur. Malgré l'affaiblissement total du colonel par la perte considérable de sang avant et pendant l'opération, malgré les douleurs occasionnées par les différentes contusions qu'il reçut sous les pieds des chevaux au moment de diverses charges de cavalerie, la guérison du Baron Sourd s'est opérée en l'espace d'un mois jour pour jour, époque à laquelle il se remit à la tête de son régiment.*
> (Auparavant) *il avait fait un trajet à cheval de plus de 150 lieues, s'étant mis en route une heure après l'amputation. On ne peut attribuer une cure aussi étonnante et tant de dangers vaincus qu'au grand courage de M. le Colonel et à cette force de caractère qui ne l'a jamais abandonné.*

Poussiergues,
chirurgien-major au 2e régiment de Lanciers

Ainsi, est-ce de ce certificat que naît l'anecdote enjolivée qu'on lit un peu partout, décrivant Sourd allant à l'ambulance se faire amputer, puis repartant à la charge. A. Soubiran, d'ordinaire plus prudent, va même jusqu'à parler d'une désarticulation de l'épaule[12]. Mais les faits réels sont à peine moins impressionnants : se remettre en selle une heure après l'amputation de son avant-bras droit, parcourir 600 kilomètres, puis reprendre la tête de son régiment un mois jour pour jour après avoir été blessé, n'est pas un comportement banal. Poussiergues, chirurgien-major d'une grande probité, est pour sa part un praticien tout à fait crédible.

Baron Triaire, 1764-1850, général de brigade

Triaire ne compte pas moins de onze affaires, dans lesquelles il aura reçu un minimum de quinze blessures. Les voici, d'après son dossier :

- blessé de deux coups de feu au poignet gauche et à l'épaule droite le 2 juillet 1794 ;
- blessé par un coup de sabre le 5 août 1796 ;
- blessé par un coup de sabre à la main droite au combat de Bellune le 11 mars 1797 ;
- blessé par un coup de baïonnette à Tarvis le 24 mars 1797 ;
- blessé par un coup de baïonnette le 30 septembre 1798 ;
- blessé par un coup de lance à Stockach le 26 mars 1800 ;
- blessé par plusieurs coups de lance, dont un sur la tête, le 9 juillet 1800 ;

12 A. Soubiran, *Le baron Larrey, chirurgien de Napoléon*, Paris, 1967.

- blessé d'un coup de feu au combat de Pontelmo le 2 mai 1809 ;
- blessé d'un coup de sabre à Piave le 8 mai 1809 ;
- blessé d'un coup de feu à Laab le 22 juin 1809 ;
- blessé d'un coup de lance à la Moscova en 1812.

Là comme ailleurs, il faut observer la surprenante proximité de certaines de ces blessures : ainsi, celle à la main droite du 11 mars 1797 est suivie d'un coup de baïonnette le 24 mars, soit 13 jours après. De même, les coups de feu du 2 mai et le coup de sabre du 8 mai 1809 sont suivis d'un autre coup de feu le 22 juin, soit six semaines après...

La liste des blessures du général Triaire, qui comporte dix blessures par armes blanches (sabre, baïonnette, lance), et quatre par coups de feu, suppose d'admettre que certaines d'entre elles n'auront été que superficielles. Aucune n'entraînera d'ailleurs d'interruption de son service.

Valterre, baron de Saint-Ange (François), 1759-1837, général de brigade

Présente en 1794 et 1797 plusieurs blessures par coups de feu qui n'appellent pas de commentaire. Il n'en est pas de même de celle-ci :

- blessé d'un coup de feu devant Rome le 10 mai 1799.
- se fait remarquer par son ardeur au combat le 28 juin 1799.

Une blessure par coup de feu le 21 décembre 1800 ne comporte aucun élément d'appréciation :

- blessé d'un coup de feu au genou gauche et par un biscaïen au bras droit à Eylau le 8 février 1807

- remarqué par sa belle attitude au combat à Heilsberg le 10 juin, puis aussitôt après à Labiau

Quatre mois entre Eylau et Heilsberg constituent un délai raisonnable, sinon qu'une blessure par balle à un genou – l'articulation la plus fragile – et une au bras droit par un biscaïen (petit boulet) pouvaient donner à penser, chez un cavalier, à une indisposition plus longue.

Prenons maintenant le cas de deux officiers subalternes dont les dossiers ne sont pas à Vincennes, mais ont été réunis à quelques autres aux archives départementales de la Manche à Saint-Lo[13] :

Exsoupe (Antoine), lieutenant

Après toute une série de blessures dont à Eylau (8 février 1807) "*une balle reçue à la partie supérieure de la cuisse gauche et restée dans les chairs*", puis à Wagram (5 juillet 1809) "*un coup de boulet à la jambe droite*" sur lequel on ne sait rien de plus, Exsoupe présente le 23 juillet 1812 une blessure dont la gravité laisse perplexe : "*balle dans le sein gauche à Mokileur*". En effet, il ne quitta pas son unité et, le 16 novembre 1812 est frappé par un "*biscaïen reçu à la poitrine*".

Malgré ces deux blessures par balles à la poitrine, il n'est pas en si mauvais état, puisque six mois plus tard, le 10 avril 1813 à Thorn, il reçoit "*un coup de boulet à la jambe droite*". Il est fait lieutenant le 18 juin et passe, dans le cadre du service actif, au 72e régiment de ligne le 22 octobre 1813.

Lecanut, (Louis-Antoine), capitaine lors des faits

Après avoir reçu une série de blessures dont, à Iéna (1er octobre 1806) "*un coup de feu à une main et un autre*

---

13 E. Le Manchois, *Dictionnaire des officiers du Consulat et de l'Empire originaires de la Manche,* J.L., 1980.

à la cuisse qui lui a traversé l'anus" dont il s'est parfaitement remis.

Lecanu est victime en 1809 de plusieurs atteintes dont la proximité laisse perplexe :

- blessé à Essling le 22 mai 1809 par plusieurs coups de feu reçus à la jambe droite, au menton, au sein gauche et par un biscaïen qui lui a déboîté le pied
- blessé à Wagram le 5 juillet 1809 par un coup de feu reçu à la jambe droite.

Cinq semaines après avoir reçu "*plusieurs coups de feu*" et une luxation de la cheville par une biscaïen, il semble que le membre inférieur droit de cet officier n'ait pas conservé de séquelles dans la mesure où il est frappé par une nouvelle balle à son niveau. Ce qui, vu l'énumération, surprend.

Le tambour X ...

C'est un tambour anonyme, formulant en 1815 une demande, non de pension, mais de réintégration dans l'armée et qui joint à sa requête un croquis donnant le "*détail de* (ses) *blessures*". Ce document, dont on ne sait ce qu'il est devenu depuis la mort d'Augustin Cabanès[14], à qui il appartenait dans les années 1920, est fréquemment reproduit pour illustrer des textes relatifs à l'Empire, à la guerre ou à la médecine.

Il ressort des annotations qui accompagnent les flots de sang dessinés que le blessé a présenté :

- une plaie par balle à la cuisse droite (Brisov, novembre 1812) ;

---

14 Le Dr A. Cabanès (1868-1928) fut un historien de la médecine prolifique, dont les assertions méritent d'être souvent contrôlées. *La Chronique médicale*, bi-mensuel historico-littéraire qu'il fonda en 1894 et lui survécu jusqu'en 1938 contient peu d'articles de fond, mais fourmille de pistes.

- deux plaies par balles, une à la jambe droite, une au pied gauche, lors du passage de la Bérézina, novembre 1812.

Ces trois lésions par balles aux deux membres inférieurs ne l'empêchent pas de battre de la caisse durant la campagne d'Allemagne puisque, le 2 mai 1813, il reçoit à Lützen :

- un coup de sabre au cuir chevelu ;
- un coup de sabre à l'épaule gauche.

Apparemment, il ne quitte ni les rangs, ni son tambour, car, le lendemain, à l'assaut de Kaja, il est frappé par un coup de levier à l'épaule droite.

Curieusement, le tambour X aura regroupé en deux séquences les six blessures qu'il recevra, les trois premières les 29 et 30 novembre 1812, les trois autres les 2 et 3 mai 1813. Notons que trois balles reçues dans les jambes au moment le plus dramatique de la retraite de Russie ne le font pas chuter sur une route où la masse des fuyards qui le suivent l'aurait écrasé. De même, quelques mois plus tard, deux coups de sabre, dont un à la tête, ne l'empêchent pas le lendemain d'entraîner la jeune Garde à l'assaut de Kaja.

*
* *

Qu'il s'agisse donc d'un maréchal, de généraux, d'officiers ou d'un tambour, la constatation est la même : il est impossible de mesurer la gravité d'une blessure à sa simple formulation au dossier[15] de l'intéressé. Comme tous les militaires engagés dans l'action ne reçoivent pas une deuxième ou une troisième blessure quelques jours, voire quelques heures après la première, il est impossible de mesurer la gravité de la plupart d'entre elles à leur seul intitulé. Nous avons vu qu'il existe un autre élément

---

15. Même si le résultat est aussi décevant, le dessin du tambour X... vaut bien des dossiers.

susceptible de nous informer sur le peu de gravité d'une première blessure : c'est "*l'ardeur au combat*". Lorsque peu de jours après avoir été frappé par "*une balle en pleine poitrine*" l'intéressé se fait remarquer par "son ardeur" dans un autre combat, tout donne à penser que la balle voire le biscaïen ou encore le boulet s'est perdue dans les plis de son manteau.

La médecine contemporaine utilise l'expression de *signe pathognomomique* inventée en 1809 par A.J. Landré-Beauvais[16] pour qualifier une manifestation dont la présence révèle ou confirme un diagnostic. Elle le "signe" en quelque sorte. Pour l'historien en quête de preuves lui permettant de cerner la vérité historique, la démarche est la même. Lui aussi dispose de signes pathognomomiques.

Pour la gravité d'une blessure au combat, le délai écoulé entre celle-ci et la suivante ou celle-ci et telle action d'éclat est déterminant. Il s'agit bien d'un signe pathognomomique, à ce détail près qu'en clinique, celui-ci confirme la présence, donc la gravité d'une lésion. Alors qu'ici, il s'agit du contraire. Ce n'est pas la gravité, mais l'absence de gravité qu'il objective.

---

16 Le Pr A.J. Landré-Beauvais, (1768-1840) proche de Laënnec, fut un des cliniciens à l'origine de l'Ecole de Paris sous l'Empire et la Restauration.

Détail de mes blessures.

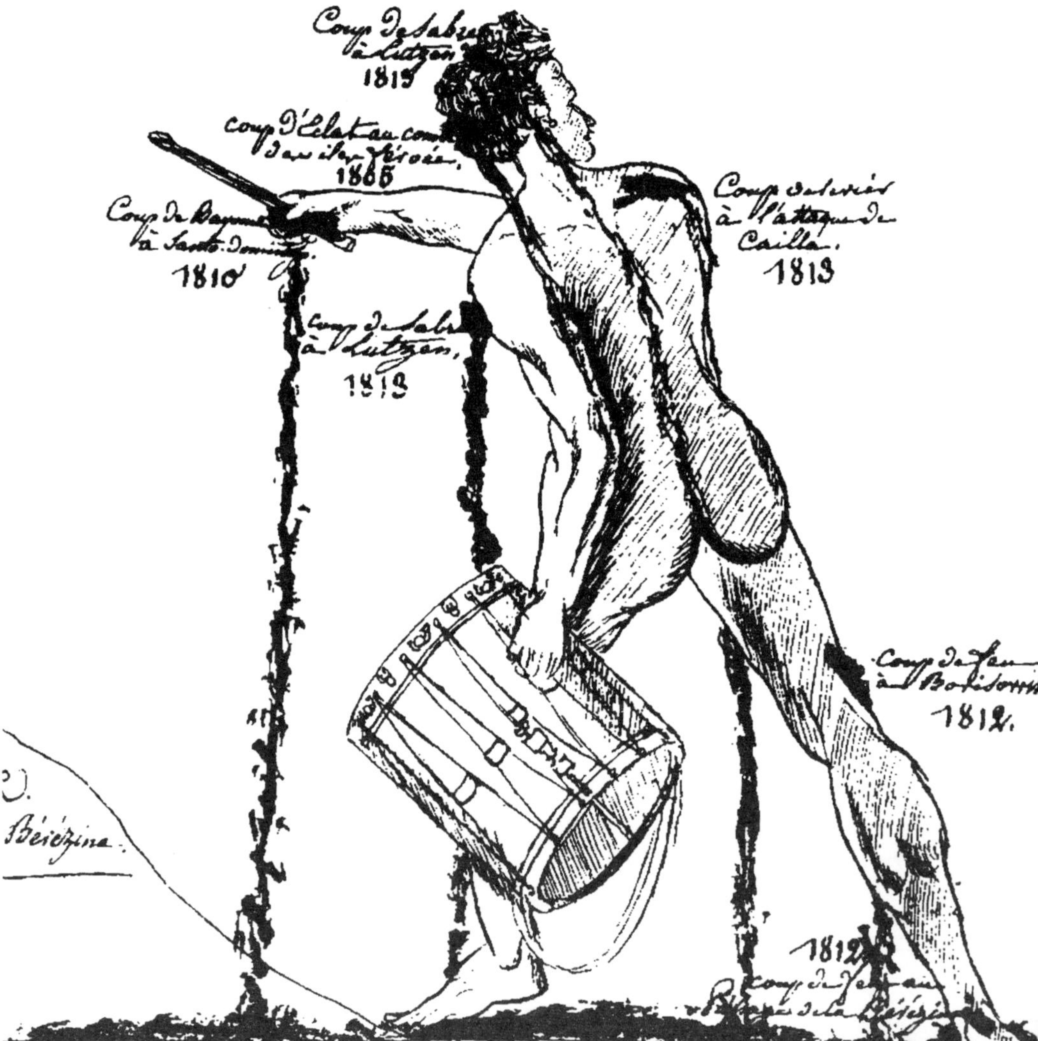

Le rôle du Service de Santé de la Marine au cours de la campagne d'Orient (1853 - 1856)[1]

Marc LEMAIRE

> *Témoins de ces souffrances, de ces cruelles agonies, c'est à nous médecins qu'il appartient de fournir à l'histoire les matériaux qu'elle attend pour payer un juste tribut d'admiration à ces soldats héroïques, qui attendirent sans murmure cette mort lente, obscure et ignorée, entre toutes la plus triste !*
>
> Chirurgien de marine D. Arnaud

LES DÉBUTS

La campagne d'Orient qui, pour la Marine, débute en juin 1853, trouve ses origines dans l'affaiblissement de l'empire ottoman conjugué à l'appétit de certaines puissances de l'époque. Depuis le traité de Londres du 13 juillet 1841, tout bâtiment de guerre de toute nationalité a l'interdiction de franchir les détroits reliant la mer Noire à la Méditerranée. La flotte de guerre russe de Sébastopol étant de la sorte enclavée, à partir de janvier

---

1 Travail réalisé dans le cadre d'une thèse d'Histoire militaire, sur *L'aspect sanitaire de la guerre de Crimée (1854-1856)*, en cours sous la direction du professeur Jean-Charles Jauffret, Université Paul Valéry, Montpellier III.

1853, le tsar Nicolas Ier va tenter de faire évoluer la situation. Afin d'ouvrir un libre accès aux mers chaudes, il propose à la Grande-Bretagne de précipiter la chute de l'empire ottoman et de se partager ses dépouilles. Soucieuse de préserver ses propres intérêts, celle-ci se montre, au contraire, partisane du maintien de l'intégrité de la Sublime Porte. Parallèlement, surgit à Jérusalem un différent opposant Français et Russes sur la question des Lieux Saints. L'affaire résolue, les Russes poursuivent leur offensive en exigeant le droit de protection sur tous les chrétiens de rite orthodoxe de l'empire ottoman. Soutenu par la Grande-Bretagne, le sultan d'Istanbul (Constantinople) s'oppose à leurs prétentions. Le tsar riposte en massant des troupes sur la rive gauche du Pruth, face aux provinces danubiennes.

Eliminée de la scène internationale depuis 1815, la France voit dans cette épreuve de force l'occasion de reprendre sa place parmi les grandes puissances. Le 24 mai, Napoléon III propose une alliance à la Grande-Bretagne, qui accepte. En réponse à la menace russe, les deux puissances européennes décident d'envoyer des bâtiments de guerre à l'entrée des détroits. Pour la France, c'est l'escadre de Méditerranée qui est naturellement désignée pour cette mission.

Depuis les défaites d'Aboukir (1798) et de Trafalgar (1805), la marine française ne s'est pas encore reconstituée. L'avènement de la machine à vapeur ainsi que l'Enquête parlementaire de 1849 qui a insisté sur la nécessité de dépasser la propulsion à voile, ont amorcé sa restructuration. Napoléon III, chef des armées de terre et de mer, ajoutera à cette évolution imposée par le progrès technologique un redressement spectaculaire. Dans cette entreprise, il sera secondé par le ministre de la Marine et des Colonies qui, du 3 décembre 1851 au 17 mars 1855, sera Théodore Ducos (1801-1855). Ancien armateur bordelais, celui-ci réorganisera notamment l'administration centrale de la Marine ainsi que les corps entretenus parmi lesquels se compte le service de santé.

En 1853, au moment où débute la campagne d'Orient, ce service a déjà bénéficié dans un passé récent de quelques réformes utiles qui le placent en bien meilleure posture que son homologue de l'armée de Terre. Il a à son sommet un inspecteur général qui entretient avec le ministre des relations directes sur les questions relevant de sa compétence. Au-delà de son rôle technique, celui-ci gère la carrière des personnels du service. Aux échelons inférieurs, la direction des services médicaux des hôpitaux, des ports et des bâtiments reste à la charge des officiers de santé, contrairement à l'armée de Terre, où tout le corps de santé, inspection comprise, est soumis à l'autorité des intendants et des commissaires. Chaque amirauté des flottes dispose en outre d'un médecin-chef chargé de conseiller le commandement, de superviser le service de santé des bâtiments et d'établir des comptes rendus réguliers à destination de l'inspecteur général. Les navires sont armés par des chirurgiens-majors qui, selon l'effectif des équipages, sont éventuellement secondés par un ou plusieurs adjoints. Le matériel sanitaire repose sur une pharmacie et un *coffre à instruments* complétés pour les opérations à terre par un *sac de débarquement.*

Le 14 juin, après une escale à Salamine, l'escadre française fait donc jonction avec son homologue britannique à Bésica (entrée des Dardanelles). 15 vaisseaux et 12 frégates sont ainsi prêts à intervenir. Mais cela n'empêche pas les troupes russes d'envahir les principautés danubiennes. La 23 octobre, le sultan est contraint de déclarer la guerre à la Russie. Le 13 novembre, les escadres française et britannique se prépositionnent à Béïcos, sur la rive asiatique du Bosphore. N'étant pas officiellement engagées contre la Russie, elles refusent cependant d'escorter l'escadre ottomane d'Osman Pacha, envoyée dans le Caucase pour y transporter des armes. Le 28 novembre, surprise au mouillage de la baie de Sinope par des bâtiments russes, celle-ci est complètement anéantie. Cette bataille navale révèle l'efficacité des obus explosifs de l'artillerie de marine russe contre lesquels le bois des coques n'offre aucune protection.

LE BILAN SANITAIRE DE L'ANNÉE 1853

En cette fin d'année 1853, alors que la guerre entre la France et la Russie n'est pas déclarée, les marins de l'escadre de Méditerranée ont déjà connu le paludisme et, sur certains navires, ont également amorcé la longue période du régime alimentaire carencé qui fera le lit du scorbut...

Les mouillages de Salamine en Grèce, ainsi que de Bésica et de Béïcos dans les détroits, les ont tout d'abord exposés aux miasmes paludéens, en fait aux moustiques provenant des marécages bordant le littoral de ces régions. La médecine ne connaît toujours pas le rôle vecteur des insectes et encore moins la nature parasitaire de l'affection. Un médecin a seulement constaté que plus le mouillage se faisait près des côtes, plus les cas de fièvres intermittentes ou rémittentes étaient nombreux parmi les équipages. Le relevé du dernier trimestre fait ainsi état de 1 130 cas de paludisme, représentant, pour un effectif dépassant alors les 9 200 hommes, un taux de morbidité de 10 % ! Heureusement, pour le traitement, la médecine dispose du sulfate de quinine, dont l'efficacité est connue depuis les années 1820 et dont l'emploi a été éprouvé au cours de la conquête d'Algérie. Marroin notera cependant, qu'à son arrivée dans l'escadre, soit le 10 mai 1854, le traitement, calculé sur la durée de la fièvre et trois jours d'apyrexie, n'empêche pas les rechutes, au nombre de 75 pour le dernier trimestre 1853. En le poursuivant bien au-delà de la disparition de la fièvre, il réduira les cas de récidive. Ainsi, jusqu'à son entrée dans la mer Noire, l'escadre ne comptera que très peu de décès imputables à cette maladie parasitaire.

Pour ce qui concerne l'alimentation, la Marine française a un retard impardonnable par rapport à son homologue britannique. Ses hygiénistes n'ont pas encore mesuré l'efficacité du jus de citron dans la prévention et le traitement du scorbut. En l'absence de ravitaillement régulier en vivres frais dans les ports, le régime à bord repose, pour les équipages, sur le lard salé - la *salaison* -, remplacé le vendredi par du fromage, le pain frais ou les *biscuits de marine,* les légumes sec et le riz[2]. Les officiers et éventuellement les malades bénéficient en outre de conserves de viande de bœuf et de pommes de terre[3]. Pour l'époque, relativement aux ouvriers du pays, les marins sont considérés comme des privilégiés. Ils mangent de la viande presque tous les jours et l'apport calorique est à la hauteur des dépenses d'énergie qu'exige leur travail. Cependant, en campagne, l'absence prolongé de vivres frais les soumet à une sévère carence en vitamine C. Le scorbut qui ne manque pas de se manifester alors reste une énigme pour les hygiénistes français, même s'ils devinent le rôle des vivres frais, particulièrement des fruits acidulés. En 1857, le médecin de Marine Guibout écrira encore : "*Nous répondrons avec Michel Lévy* [hygiéniste de l'armée de Terre], "*que le scorbut est le résultat de causes multiples : uniformité de régime, défaut de nourriture végétale, dépression morale, mais surtout humidité froide, air stagnant et privation de lumière*"[4].

Côté britannique, Lind a produit son *Traité sur le scorbut* dès 1753. À partir de 1795, l'amirauté britannique a rendu obligatoire, sur la *Royal Navy,* la consommation du "lime-juice". Cette boisson composée de jus de citron auquel on ajoutait 10 % d'alcool pour assurer sa conservation pendant des mois, serait restée, selon certains auteurs, un secret militaire jusqu'en 1840[5]. Il semblerait plutôt que la médecine française a ignoré les

2 Michèle Battesti, *La Marine de Napoléon III,* SHM, t. 1, p. 490.

3 Cette différence de régime apparaît dans l'article de A. Guibout, *Quelques considérations sur le scorbut observé sous différentes latitudes,* AMC, 1857, t. XVII, pp. 335-358, où l'auteur préconise justement de traiter les manifestations du scorbut par l'administration du régime alimentaire ordinairement réservé aux officiers.

4 A. Guibout, *Quelques considérations sur le scorbut..., op. cit.*

5 Pierre Pluchon (sld), *Histoire des médecins et pharmaciens de Marine et des colonies,* Toulouse, Bibliothèque historique Privat, 1985, pp. 27-28.

publications britanniques traitant du sujet[6]. La Marine française découvrira le “lime-juice” en 1854 et 1855, en mer Baltique, à l’occasion des opérations menées en liaison avec la Grande-Bretagne sur les autres façades maritimes de la Russie. Au cours de cette période, Gallerand, le médecin de l’escadre, pourra en constater les effets bénéfiques sur les équipages français, la *Royal Navy* leur en ayant gracieusement fourni. Il produira deux articles sur le sujet[7]. En 1860, le décret redéfinissant l’alimentation du marin rendra obligatoire la consommation de citronnade (14 g de jus de citron pour 28 g de sucre et 112 g d’eau)[8]. En 1864, trois pharmaciens de marine, officiellement mandatés, feront paraître le résultat de leurs recherches concernant la conservation du jus de citron par adjonction d’alcool[9]. Malheureusement pour les équipages de la mer Noire, pour l’heure, à la veille de la guerre, les officiers de santé français n’en sont pas encore là... Les premiers cas, certes en nombre encore restreint, apparaissent dès août 1853 à bord du *Charlemagne* et du *Jupiter.*

Avant que ne se termine l’année, la Marine fonda son propre hôpital sur les rives du Bosphore. Jusque là, elle adressait ses malades à l’hôpital français de Constantinople desservi par les sœurs de Saint-Vincent de Paul. Mais, nous dit le chirurgien Arnaud, “*toutes les fois qu’une escadre doit stationner longtemps dans une localité, il est utile qu’elle ait à sa disposition un ou plusieurs*

---

6 Le docteur Jean-Jacques Arzalier nous signale que la composition comme les effets salutaires du “lime-juice” font régulièrement l’objet de publications dans des revues de l’époque comme par exemple le *Nautical Chronical* de 1808.

7 René-Ernest Gallerand, “Sur l’emploi du suc de citron comme moyen préventif et curatif du scorbut”, *Revue thérapeutique du Midi,* 1856, t. X, p. 39, pour le premier.

8 Décret n° 165 du 21 juillet 1860, traitant de la composition des diverses rations dans le département de la Marine, Bulletin officiel de la Marine, pp. 62-75.

9 M. Rouchas, C. Fontaine, F. Hetet, “De la préparation et de la conservation du suc de citron comme antiscorbutique”, *Archives de médecine navale,* t. 1, 1864, pp. 245-254.

hôpitaux". Plus précisément, Béïcos devenant la base d'opération de la Marine dans la perspective d'une intervention en mer Noire, il était important que la place disposât d'un établissement de soins. Ainsi, "*à peine arrivé à Béïcos,* [le] *13 novembre 1853, l'Amiral* [...] *fit demander au gouvernement turc la cession d'une petite caserne placée sur la côte d'Asie à l'entrée d'une vallée dite du Grand seigneur.* [...] *le gouvernement turc fit répondre que la caserne demandée pour être convertie en hôpital était malsaine* - la région étant impaludée [...]. *Il offrait de céder à la Marine un hôpital tout installé qu'il possédait à Thérapia. C'était là un acte de courtoisie qui n'étonnera aucun de ceux qui* [approchaient] *et* [connaissaient] *les Turcs.*

Par un ordre du jour (24 novembre 1853), l'amiral Hamelin fit connaître à l'escadre que l'hôpital de Thérapia recevrait des malades [dès] *le 7 décembre"* [...][10].

Ainsi fondé et confié pour sa direction au chirurgien de marine de 1ère classe Arnaud, l'hôpital de la Marine recevra jusqu'au 1er août 1856, date de sa fermeture, 2 217 patients dont 1 420 sortiront guéris, 438 seront évacués en France et 359 décèderont.

La montée en puissance

Le 3 janvier 1854, après avoir efficacement pris en compte le traitement des manifestations palustres et fondé son hôpital à terre, la Marine française franchit le Bosphore, aux côtés de son alliée britannique, pour une mission de force d'interposition. Le même mois, pour prémunir Istanbul de la menace russe, l'envoi d'un corps expéditionnaire français de 6 000 hommes est envisagé par le gouvernement. Le 22 février suivant, Napoléon III porte les effectifs à 34 222 hommes auxquels s'ajoutent 8 260 chevaux et mulets. La Marine se voit chargée du transport de l'Infanterie, la Guerre de celui des autres armes, notamment de celles qui emploient largement les

---

10 Rapport médical concernant l'hôpital de Thérapia, de D. Arnaud, sans date ni titre, carton CC^2 958.

chevaux (cavalerie, artillerie). Le 11 mars, l'armée d'Orient est officiellement créée et Gallipoli, à l'entrée des détroits, choisie pour y installer les troupes. Le transport de l'Infanterie, relevant donc de la Marine, est délégué à la flotte de l'Atlantique, commandée par le contre-amiral Bruat.

Tandis que les préparatifs militaires vont bon train, en France comme en Grande-Bretagne, les troupes russes assiègent la ville de Silistrie, sur la route d'Istanbul. Les deux puissances européennes, alliées de l'empire ottoman, déclarent alors la guerre à la Russie. Elles décideront de mener les combats sur les "fenêtres maritimes" de l'empire russe : les rives de la mer Noire, de la Baltique, de la mer Blanche et du Pacifique. Les premiers échanges d'artillerie interviennent le 22 avril, à Odessa. À l'occasion d'un incident diplomatique, la marine franco-anglaise bombarde l'arsenal militaire du port. La France déplore la perte de deux tués et de deux blessés, dus à un accident d'artillerie. Courant juin, il est décidé par ailleurs de réinstaller les troupes entre le Danube et Istanbul, afin de décourager toute entreprise russe à l'encontre de la capitale ottomane. Le site de la ville de Varna, où ont déjà été débarquées des troupes le 2 juin, est retenue pour le redéploiement des armées française et anglaise. Gallipoli doit être maintenue, avec 3 000 hommes de garde, comme base de passage et de dépôt. Le transfert des troupes de la presqu'île à la nouvelle base d'opération est confié à la Marine. Un mois plus tard, le 22 juin, tenus en échec jusque là par l'héroïque défense des troupes turques, les Russes lèvent le siège de Silistrie et repassent le Danube. L'affrontement terrestre, espéré par les états-majors alliés pour mettre rapidement un terme à la guerre, vient de leur échapper.

Pendant ce temps, l'escadre de l'Océan et les navires marchands nolisés par l'Intendance de l'armée de Terre, ne cessent de débarquer des troupes à Gallipoli. Au 15 juin, ce sont 40 000 hommes qui ont été transportés jusqu'à Gallipoli. Parmi ceux-là, avec un transfert débuté fin mai, 30 000 ont déjà gagné Varna[11].

LA VARIOLE

Sur le plan sanitaire, aux maladies habituelles des bâtiments en campagne et aux fièvres palustres contractées dans la région, s'est ajoutée, dans les deux escadres, une maladie contagieuse : la variole. Jusqu'au début du siècle, du fait de sa haute contagiosité, de son pouvoir létal et des cicatrices inesthétiques qu'elle infligeait souvent à ceux qui lui survivaient, elle était aussi redoutée que la peste du Moyen-Âge. Grâce à Jenner, qui a su employer le pus prélevé sur les vaches atteintes d'une maladie apparentée, la vaccine, pour constituer le premier vaccin de l'histoire, la médecine est parvenue à combattre efficacement ce fléau. Certes, la vaccination du brillant médecin britannique ne protégeait pas complètement, mais elle limitait sensiblement la multiplication des cas et divisait au moins par trois, voire cinq ou même dix un taux de mortalité compris jusque là entre 10 et 50 % selon l'âge et la fragilité des victimes.

Dans son rapport final de campagne, rédigé en 1861, le médecin-chef de l'escadre de Méditerranée, le docteur Marroin, ne signale que 62 cas de variole apparus “spontanément” sur le vaisseau *Marengo* et cinq autres sur le *Cacique,* frégate à vapeur, dus cette fois aux soldats de l'armée qui en avaient présenté les premiers cas. Il ne s'étend pas au-delà de l'énoncé des chiffres, pour ne consacrer qu'un paragraphe à cette pathologie. Pourtant, la survenue d'une épidémie touchant un équipage de 636 hommes, à hauteur donc de près de 10 %,

---

11 Au 30 juin, ce sont 58 604 hommes, 1 313 animaux et 6 590 tonnes de matériel qui ont été transportés jusque là, dont 88 % par la Marine (Michèle Battesti, *La marine..., op. cit.* p. 85). Il faut comprendre que ces chiffres cumulent aux transports effectués entre la métropole et Gallipoli ceux ayant permis, pour les mêmes hommes, de rejoindre Varna. L'armée de Terre, à cette date, ne compte en effet que 40 000 hommes.

représente sur le plan sanitaire une anomalie. Une population bien protégée par la vaccination et appliquant scrupuleusement les consignes d'hygiène, peut bien développer quelques cas, mais pas une épidémie de ce degré. En outre, comme il le signale en introduction, Marroin n'a établi son rapport qu'à partir de sa *correspondance officielle,* de ses *rapports à l'inspecteur général du service de santé,* le docteur Quoy, et de ses *notes particulières.* Il n'a donc pas intégré dans son étude les rapports sanitaires de l'escadre de l'Océan, qui est alors encore indépendante du commandement du vice-amiral Hamelin.

Les Archives nationales ont heureusement conservé deux documents intéressants sur la question. Le rapport du chirurgien-major de division Beau tout d'abord, daté du 1er mai, signale qu'une épidémie de variole s'est déclarée à bord de deux vaisseaux, le *Napoléon* et le *Suffren.* Seize malades ont dû être envoyés à l'hôpital de Gallipoli, parmi lesquels deux sont morts. Il déplore que les navires n'aient pu envoyer à terre tous les marins touchés par l'épidémie, en raison d'un manque de place, et craint que cela ne favorise l'extension de l'épidémie. Dans un rapport de 14 pages, qui ajoute à l'exposé des faits une analyse fine, le chirurgien-major du *Suffren* fait ensuite le décompte des 64 cas de variole, apparus entre le 4 avril et le 12 juin sur son navire qui compte 844 marins ainsi que les 1 139 passagers du 1er Bataillon du 27e Régiment d'Infanterie de Ligne. Descriptions cliniques et tableaux à l'appui, il tente de comprendre la survenue d'une telle épidémie et d'en déduire pour l'avenir des mesures préventives. Il établit tout d'abord que la source de l'épidémie provient d'un marin ayant effectué un séjour à l'hôpital de Toulon dont il est sorti le 24 mars pour ne développer la maladie que le 4 avril, soit le jour du départ. Le temps d'incubation de la variole, connu par le médecin du bord, laisse penser, comme il le souligne, que l'intéressé a probablement contracté la maladie lors de son séjour hospitalier pour finalement l'introduire à bord du navire en partance pour Gallipoli. Ensuite, malgré les mesures d'isolement, le germe se propage. Le chirurgien-major attribue la contamination aux miasmes qui, "*émanant sans cesse du corps des varioleux*", ne peuvent pas être arrêtés par les toiles tendues entres les malades et les sujets sains. Il écarte par ailleurs parmi les facteurs favorisant l'extension de l'épidémie, "*l'influence morale*". En effet, relève-t-il, les soldats "*qui souvent ont paru plus craintifs à l'endroit de la variole*", n'ont eu qu'un seul cas, au contraire des "*matelots qui ont toujours paru se soucier fort peu*" de la maladie. Or, les marins ont, selon lui, un moral plus *trempé* que celui des soldats embarqués !

Pour enrayer l'épidémie, il ne voit d'autre solution que de créer un hôpital provisoire à terre. En accord avec le vice-amiral Bruat, celui-ci est installé dans une vaste maison à deux étages du village de Lamsaki. Les varioleux du navire y sont évacués le 16 mai. À partir de cette date, note le médecin, l'épidémie entre dans sa phase de déclin. Le 18 juin, l'hôpital peut être fermé et les douze derniers patients convalescents sont transférés à l'hôpital de Gallipoli.

Après une étude épidémiologique minutieuse, constatant que la population la plus touchée concernait les hommes âgés de 20 à 25 ans et secondairement ceux âgés de 25 à 30 ans, le chirurgien-major préconise pour l'avenir de revacciner systématiquement tous "*les marins de l'État âgés de moins de 30 ans*".

À la lecture du rapport de ce chirurgien, nous pouvons tirer trois observations. La première, comme le décrit l'auteur et comme l'avait aussi prescrit une note du Conseil de santé de l'armée de Terre pour les troupes, tous les marins embarqués pour une campagne faisaient l'objet d'un examen médical obligatoire visant à vacciner systématiquement tous les sujets ne présentant pas les traces d'une contamination ou d'une vaccination antérieures. L'application scrupuleuse de cette mesure se traduit dans les chiffres. Sur 64 cas, seuls quatre sont décédés et parmi ces derniers une victime n'avait pas été vaccinée, peut-être pour avoir échappé à *l'inspection sanitaire*. Le rapport de trois sur 63 nous donne le faible taux de létalité de 4,8 %, observable seulement au sein d'une population effectivement vaccinée. Ensuite, le taux de morbidité, relativement important, observé de la même façon à bord du *Marengo* de l'escadre de Méditerranée, est à opposer aux cas de variole observés au sein de l'armée de Terre. En effet, au cours de la même période, les cas débarqués des navires ne déclenchent pas de véritable épidémie. Le 1er Bataillon, qui débarque avec un cas, n'enregistre en tout que 19 cas, soit un taux de morbidité pour cette unité de 1,7 % ; le 2e bataillon, à 1 614 hommes, avec deux cas, présente un taux limité à 0,12 %. Pour la Marine, les taux du *Suffren* et du *Marengo* sont respectivement de 7,6 % et 10 %. Les varioleux transportés à l'hôpital de Gallipoli ne déclenchent pas non plus de maladie dans l'établissement et au-delà dans les campements. L'armée de Terre serait-elle mieux prémunie que la Marine ? La vaccination n'est pas à mettre en cause car elle est la même pour les deux armées. Reste la transmission interhumaine du germe. Les marins seraient-ils moins scrupuleux dans l'application des mesures d'hygiène que les soldats ? Non, si l'on en croit le Dr Beau qui, dans son rapport du 17 avril, avant que les épidémies de variole n'apparaissent, note que "*le chiffre des malades de l'escadre est constamment resté dans des limites fort restreintes et inférieures même à la proportion ordinaire existant sur* [les] *vaisseaux*" - même si certains cas observés semblent avoir été plus graves qu'à l'accoutumée. Et ce malgré la surpopulation existante à bord du fait du transport des unités d'infanterie. "*Certainement, l'hygiène navale mieux comprise rend moins redoutable aujourd'hui ces agglomérations énormes sur les navires. L'exécution sévère des mesures de ce genre, signalées à l'escadre dès les premiers jours de notre traversée, a puissamment contribué sans doute à éloigner le danger, sinon à le conjurer entièrement*". Même si le chirurgien-major évoque une insouciance plus marquée à l'égard de la maladie chez les marins par rapport aux soldats, il faut retenir que le débarquement des malades à l'hôpital de Lamsaki a suffit à éteindre l'épidémie. Il est évident par ailleurs, si la traversée avait duré plus de trois semaines, que le 2e bataillon aurait eu plus de 19 cas. Il a été moins touché que l'équipage car les premiers cas ne sont pas apparus dans ses rangs et qu'ensuite, une fois débarqué, il a pu disperser ses hommes et évacuer ses malades. Enfin, dans la Marine, la variole est à cette époque une préoccupation permanente des chirurgiens, les épidémies se déclarant régulièrement. Il faut donc mettre en cause la promiscuité inhérente à la vie à bord, dont les mesures d'hygiène, aussi drastiques soient-elles, ne parviennent pas à neutraliser tous les effets nocifs.

Il aurait certainement fallu, pour juguler les effets de la promiscuité, et c'est le troisième point, retenir les conclusions du chirurgien-major. Sans le savoir, celui-ci propose pour les classes d'âge de moins de 30 ans ce que l'on appelle désormais un *rappel.* Il avait pressenti les effets limités dans le temps de la vaccination (les sujets de plus de 30 ans, nés donc au début du siècle avant le développement de la vaccination, avaient probablement hérité d'une immunisation complète et définitive par la variole).

Notons encore pour mémoire que Marroin, à propos du *Marengo,* note que les marins sont des conscrits. Le chirurgien-major du *Suffren* relève également que les *apprentis-marins,* appartenant à la classe de 1852 et embarqués pour la première fois, ont été trois fois plus touchés que les autres. Peut-être faut-il évoquer alors chez les jeunes, encore peu adaptés aux fatigues du métier, une relative immunodépression ? Ou, plus enclins aux maladies, comme le note Marroin, ont-ils plus que les autres fréquenté les personnels soignants et donc côtoyé les foyers de contagion ? Nous avons trop peu d'informations et d'éléments de comparaison pour apporter une explication fiable.

Le 2 juillet, donnant suite à une instruction ministérielle en date du 29 mai, le vice-amiral Hamelin fusionne sous son commandement unique les deux escadres de la Méditerranée et de l'Océan et leur donne le nom d'*armée navale de la mer Noire*[12]. Celle-ci comprend, pour

12 À la demande du ministre, cette dénomination sera remplacée dans les mois suivant par "Escadre de la mer Noire".

ses plus grands bâtiments, 15 vaisseaux, 14 frégates et corvettes ainsi que 8 avisos. Marroin se voit attribué les fonctions de médecin-chef de la nouvelle escadre.

LE CHOLÉRA

Alors que l'épidémie de variole est éteinte, que les cas de paludisme restent dans des limites raisonnables, un vrai fléau, contre lequel la médecine est quasi-impuissante, fait son apparition : le choléra. Ce fléau a touché la France la première fois en 1832, provoquant dans les villes et les campagnes des ravages terrifiants. Les grandes flambées épidémiques passées, la maladie survit désormais à l'état sporadique, en divers lieux du territoire national, n'attendant que des circonstances favorables pour exploser. Les médecins, pour bon nombre d'entre eux, doutent encore de sa nature contagieuse. Ils évoquent encore la présence de miasmes émanant des malades et des morts. Ils ne perçoivent pas la transmission *manuportée* des germes. Les troupes en attente à Marseille, point d'embarquement des navires civils nolisés par l'Intendance, ont contracté le germe. Marroin nous donne le détail de la marche de la maladie dont il ne manque pas d'ailleurs de suspecter sérieusement le caractère contagieux :

> *Les provinces méridionales furent le point de départ de l'épidémie que nous observâmes en Orient. C'est sur les paquebots des messageries impériales partis de Marseille que se déclarèrent les premiers cas de choléra signalés dans la Méditerranée : c'est encore sur des malades déposés par ces paquebots à l'hôpital de Gallipoli que se manifestèrent les premiers symptômes cholériques observés dans les Dardanelles. Bientôt le fléau asiatique se répandit en ville et dans les camps, où il fit sa première moisson de victimes dans tous les rangs de l'armée. Les convalescents renvoyés de l'hôpital de Gallipoli importèrent cette affection sur nos*

> *bâtiments d'abord, et à l'hôpital de Varna ensuite. Les vapeurs qui avaient opéré* [le transport des troupes de Gallipoli à Varna] *arrivèrent à Baltchick dans les premiers jours de juillet. Le* Primauguet *et le* Magellan *sont les chaînons intermédiaires de cette ligne pathologique qui a relié un instants les ports de la Bulgarie aux ports du midi de la France*[13].

Le docteur Scrive, médecin-chef de l'armée d'Orient, reconstitue le même cheminement de la maladie, de Marseille à Varna en passant par Malte, Gallipoli et tous hôpitaux militaires installés sur la route de Varna et à Constantinople. Il n'est pas impossible cependant que le choléra de Varna soit aussi venu du Danube où il a déjà sévi parmi les troupes turques et russes. Les héroïques défenseurs de Silistrie sont revenus à Varna fin juin, transportant peut-être le germe fatal, quelques jours seulement avant que n'apparaissent les premiers cas parmi les troupes françaises.

Il reste qu'à partir de début juillet le fléau se répand comme une malédiction dans les hôpitaux et les campements ainsi que sur les bâtiments de la Marine. Marroin commande au *Primauguet* et au *Magellan*, venus rejoindre l'escadre à Baltchick après avoir déposé leurs passagers et leurs malades à Varna, de mouiller près des côtes, à une lieu de là, et d'installer les marins sous tentes à terre. Il espère ainsi prévenir l'extension de la maladie à toute l'escadre tout en permettant de l'enrayer au sein des équipages touchés. Les 28 et 29 juillet, soit en deux jours, le *Valmy,* mouillant dans la rade de Varna, connaît quatre cas foudroyants. Son commandant demande à rallier Baltchick afin d'échapper à l'influence cholérique de la ville et d'installer à son tour ses hommes à terre. Le médecin-chef pense que ces mises en quarantaine successives ont permis de circonscrire l'épidémie, même s'il admet que l'influence cholérique qui continue

---

13 A. Marroin, *Histoire médicale de la flotte française dans la mer Noire, pendant la guerre de Crimée,* Paris, Baillère, 1861, p. 11.

de régner sur le port Baltchick provoque de fréquents dérangements intestinaux, des cholérines et de rares cas foudroyants sur l'ensemble des bâtiments.

Mais l'épidémie n'est qu'à ses débuts. Le 16 juillet, le maréchal de Saint-Arnaud avait décidé d'envoyer trois divisions en direction du Danube, à travers le désert de la Dobroudja, afin de se frotter aux Russes. L'expédition, débutée le 24 juillet en dépit d'une instruction médicale recommandant la dispersion des troupes et une activité réduite, se traduit par un fiasco. La première division, qui s'est enfoncée loin en avant, est littéralement décimée par le choléra. Elle comptera en tout pas moins de 1 886 morts, soit 17 % de ses effectifs ! Celle qui suit, avec 354 décès, sera moins sévèrement touchée. La troisième enfin restera relativement épargnée, même si elle déplorera la perte de 34 hommes. Dans l'immédiat, les ravages du choléra commandent la retraite vers Varna. Une longue procession s'organise alors qui égraine sur le chemin du replis de nombreuses tombes. Pour ne pas ralentir la marche, les malades sont laissés à Mangalia et Kustingé. Le général Canrobert, commandant l'expédition, demande donc à l'amiral Hamelin d'assurer leur retour sur Varna par voie de mer.

Le vice-amiral Hamelin appréhende vivement cette mission pour ses équipages mais, dans le même temps, ne peut que se résoudre à la remplir de son mieux. "*Un devoir impérieux interdit toute prudence ; il* [faut] *donner des soins à ces pauvres soldats laissés en arrière ; il* [faut] *sauver du désespoir de nobles enfants de la France, qui ont pu se souvenir, un instant, du triste sort des pestiférés de Jaffa...* "[14] La *Calypso,* le *Descartes,* le *Cacique,* le *Pluton* ainsi que le *Primauguet* et le *Magellan,* à peine débarrassés de leur épidémie, et d'autres encore sont envoyés au secours des soldats. Une fois embarqués, en attendant leur arrivée à Varna, ces derniers sont l'objet de toutes les attentions. "*Les médecins de la marine* [déploient] *la plus grande fermeté, le plus noble dévouement dans l'accomplissement de cette mission. Les offi-*

---

14 A. Marroin, *Histoire médicale..., op. cit.*, p. 17.

ciers et les matelots se [transforment] *en véritables sœurs de charité, tant ils* [sont] *empressés à soigner, à consoler les malheureux, qui, livrés aux tortures du choléra,* [encombrent] *les ponts*"[15]. Mais le résultat d'un tel dévouement ne se fait pas attendre. Des cas se déclarent parmi certains équipages et quelques navires perdent de un à plusieurs hommes.

Les bâtiments restés au mouillage de Baltchick ne sont malheureusement pas plus épargnés que les navires affectés au transport. Le 7 août, la 3e division du général Bosquet est venue camper au-dessus du port. 80 de ses cholériques sont évacués par des bâtiments sur l'hôpital de Varna. Indépendamment de ce transport, la division entretient des *communications fréquentes* avec l'escadre. Le 9 août, jour où elle lève le camp, note Marroin, le choléra épidémique se répand sur la flotte. "*En quelques heures, la deuxième batterie du* Montebello *et de la* Ville-de-Paris *se* [trouvent] *métamorphosés tout entière en hôpital*". En pratique, ce sont le *Montebello* et le *Valmy* qui donnent des chiffres importants le premier jour, avec respectivement 36 et 77 malades. Le lendemain, ils en comptent 131 et 45.

Pour Marroin, l'origine de l'épidémie est difficile à établir. En faveur de la contagiosité, il évoque les échanges entretenus avec la division. En faveur de l'origine miasmatique, il relève qu'un gros orage, dont les vents sont passés au-dessus de la division avant de s'abattre sur la flotte, a "*coïncidé avec l'invasion de la maladie*", le 9 août précisément. Mais aucune des deux hypothèses ne lui paraît satisfaisante. Tous les vaisseaux n'ont pas été touchés dans les mêmes proportions, certains ayant même été épargnés. En fait, ignorant du mode de propagation de la maladie, Marroin fait une mauvaise lecture

15 On peut sérieusement douter cependant du caractère systématique de la sollicitude des marins à l'égard des soldats. Tout d'abord, les malades de l'armée de Terre avaient été laissés avec des hommes valides ainsi que des médecins. Ensuite, la caractère hautement contagieux du choléra n'aurait pas laissé complètement indemnes plusieurs équipages comme ce fut le cas.

des événements ainsi que des statistiques établies, pour cinq vaisseaux, entre le 1er et le 25 août. Un tableau, dressé par lui-même, fait apparaître en effet que le choléra débute par quelques cas, connaît une rapide progression en quelques jours voire quelques heures et, après avoir atteint son pic, diminue aussitôt pour ne laisser subsister dans les jours qui suivent que quelques cas sporadiques. En fait, comme cela a été observé à Paris et ailleurs en France en 1832, le choléra moissonne selon une courbe abrupte les sujets fragiles ou trop lourdement contaminés puis, faute de proie, s'éteint aussi vite qu'il est apparu. Les courbes pour chacun des cinq vaisseaux se concentrent sur cinq à huit jours maximum. Celle du Valmy débute le 8 août, de façon abrupte, puisque de zéro malade la veille, le bâtiment passe ce jour là à 58 ! Le pic est atteint dès le lendemain avec 77 malades et 35 décès. La décroissance s'étale ensuite sur six jours. La *Ville-de-Paris,* avec un cas quotidien apparaissant depuis le 3 août et 3 cas le 9, ne débute sa courbe qu'à compter du 10 avec 76 malades ! Le sommet est atteint dès le lendemain encore avec un chiffre de 105. Puis la décroissance se fait progressivement jusqu'au 17 où l'on n'enregistre plus que 6 malades.

Le 24 août, l'état sanitaire de l'escadre s'améliore, même si les équipages n'ont pas encore retrouvé toute leur disponibilité : 992 hommes sont hors service, 239 ne peuvent quitter leur lit et 69 restent gravement atteints[16]. 702 sont morts... ! Au total, la première épidémie enlèvera à l'escadre 800 hommes sur un total de 13 000 (6 % de mortalité). Face à cet ennemi invisible qui a exigé de la part du corps médical comme des équipages un réel sens du devoir, le commandement s'emploie à distribuer officiellement des marques de reconnaissance.

> *Une liste de propositions pour la Légion d'honneur* [est] *adressée au ministre de la marine en faveur de ceux qui* [ont eu] *l'occasion de dé-*

---

16 Dépêche d'Hamelin au ministre de la Marine, 24 août 1854, BB4 712, f° 87 (citée par Michèle Battesti, *La Marine de Napoléon III,* SHM, t. 1, p. 107).

> *ployer un dévouement sans borne. Une seconde liste de propositions pour la médaille militaire* [comprend] *les infirmiers et les marins qui* [ont] *donné la preuve d'autant de fermeté et d'abnégation*[17].

Les données scientifiques actuelles nous permettent de prévoir que le choléra survivra de façon quasi-silencieuse dans l'armée comme dans la flotte et que, les survivants étant immunisés pour quelques mois, il lui faudra attendre la fin de cette période d'immunisation et des circonstances favorables pour réapparaître à nouveau.

CAP SUR LA CRIMÉE

Le 25 août, l'expédition de Crimée, visant la destruction de la flotte russe de la mer Noire et du port-arsenal qui l'abrite, est officiellement proclamée. Le départ de la flotte et de l'armée embarquée est fixé au 3 septembre. Dans les états-majors, on espère bien régler le sort de Sébastopol pour octobre au plus tard. Hamelin a cependant prévenu des difficultés à prévoir pour le soutien logistique des troupes au sol qui ne pourra reposer que sur la Marine. Celle-ci devra évoluer dans une mer régulièrement balayée par de violentes tempêtes, particulièrement en automne. Après avoir appareillé finalement le 5 septembre, les flottes alliées parviennent en vue des côtes de Crimée le 12. Le lendemain, un détachement prend possession de la ville d'Eupatoria qui se livre sans pouvoir opposer la moindre résistance. Une garnison alliée s'y installe aussitôt. Le 14, tandis que des éléments de la flotte font diversion en face de la baie de Katcha (site initialement prévu pour le débarquement), les troupes sont mises à terre sur la plage d'*Old Fort,* à 45 km au nord de Sébastopol.

Tandis que quatre vaisseaux sont renvoyés à Varna pour enlever les troupes restantes (la Cavalerie et le reste de l'Infanterie, soit 9 000 hommes et 900 chevaux),

---

17 A. Marroin, *Histoire médicale..., op. cit.,* p. 41.

les Britanniques terminent le débarquement de leurs troupes. La marche sur Sébastopol débute le 19 septembre, les Britanniques occupant l'aile gauche, les Français l'aile droite, le long du littoral, à portée de canons de la flotte qui les suit.

Entre temps, le prince Menchikov qui commande les 50 000 soldats chargés de la protection de la presqu'île, a pris conscience - un peu tard - de la menace. Le 20, il place un verrou de 40 000 hommes sur l'axe de progression de l'ennemi, à hauteur de l'Alma. La rive gauche de la rivière où il positionne ses forces est constituée d'un plateau qui plonge par des pentes abruptes dans la mer. Il néglige dès lors son flanc gauche, ne soupçonnant pas l'audace des zouaves. À la faveur du brouillard et appuyé par l'artillerie de la flotte, ceux-ci se lancent à l'assaut des pentes pour mettre son aile en déroute. Au terme des combats, qui voient le triomphe des alliés, les Français comptent 300 morts au feu et 894 blessés. Dans la soirée, tous les chirurgiens en second des vaisseaux sont envoyés à terre pour coopérer au service des ambulances. Aux blessés de leur camp, les ambulances françaises ajoutent 297 officiers et soldats russes. Là encore, le commandement s'efforce de distinguer les actes de dévouement et, note Marroin, "*Monsieur Richer des Forges est l'objet de la mention la plus honorable*". Le lendemain, les blessés sont embarqués à bord de trois frégates à vapeur, le *Panama,* le *Montézuma* et l'*Albatros,* pour être évacués jusqu'à Constantinople[18].

La bataille remportée, les blessés soignés et évacués, il ne reste plus qu'à marcher sur Sébastopol. Mais Menchikov organise la défense de la ville. Pour bloquer l'accès à la rade, il ordonne le sabordement, entre les forts Constantin et Alexandre, de cinq vaisseaux et deux frégates enchaînés les uns aux autres. Son officier du

18 À noter que parmi ces trois navires de la Marine de guerre, le *Panama* est alors en configuration de combat, et les deux autres affectés au transport. Il n'apparaît pas, à l'occasion de cette évacuation sanitaire, de navires exclusivement réservés aux soins et au transport des blessés et des malades.

génie, le lieutenant-colonel Todleben, organise astucieusement la défense terrestre.

Le 28, les Britanniques ayant pris possession du port de Balaklava, la flotte française investit la baie de Kamiesh ainsi que, accessoirement, la baie de Streletska. Toutes deux sont taillées dans le plateau de Chersonèse, où l'armée qui marche en contournant la ville par l'est, va bientôt s'installer. Le lendemain Saint-Arnaud meurt à bord du *Berthollet*, victime du choléra. Il est remplacé par Canrobert, chargé dès lors d'organiser et de conduire l'attaque de la place forte.

LA PREMIÈRE ATTAQUE CONTRE SÉBASTOPOL

Le conseil de guerre du 15 octobre confie à la flotte, pour l'attaque prévue le 17, le soin de faire diversion en canonnant le front de mer. À la demande de Canrobert, Hamelin a fait débarquer 1 300 marins (canonniers et fusiliers) et 40 bouches à feu pour renforcer l'artillerie de siège. Le jour dit, la flotte française (14 vaisseaux) se place face aux positions du sud de l'entrée de la rade (fort Alexandre et fort de la Quarantaine), tandis que les Britanniques occupent la partie nord.

Le duel d'artillerie qui oppose les assiégés aux alliés est favorable aux Russes. Les boulets explosifs endommagent sérieusement les navires en bois. La dunette du vaisseau amiral est ravagée par une bombe, tuant ou blessant les officiers d'état-major, à l'exception de Hamelin qui en sort miraculeusement indemne. Le *Charlemagne*, vaisseau mixte, a ses machines détruites par un boulet. La carène du *Napoléon* est percée à deux endroits juste au-dessus de la ligne de flottaison. Côté britannique, trois bâtiments sont obligés de quitter la ligne de combat pour aller éteindre des incendies plus au large. À 18 heures, "*les flottes alliées se replient, impuissantes et éprouvées*"[19]. Au terme des combats, les Britanniques comptent 45 tués et 263 blessés, les

19 Michèle Battesti, *La marine..., op. cit.*, p. 116.

Français 39 tués et 157 blessés[20]. Les assauts de l'armée de Terre n'ont pas eu plus de succès.

Désormais, l'opération contre Sébastopol et sa marine prend l'allure d'une guerre de siège. La ville conserve, au nord, un cordon ombilical avec le continent. En outre, les armées de Terre alliées positionnées au sud de la ville sont exposées aux contre-attaques des armées de renfort russes. Le 25 octobre, celles-ci attaquent le port de Balaklava, mais sans succès. Le 5 novembre suivant, elles récidivent sur le plateau d'Inkermann, contre les Britanniques toujours, tandis que les Français font l'objet d'une manœuvre de diversion. Les Britanniques parviennent à appeler les Français à la rescousse pour finalement emporter la victoire. Mais celle-ci s'avère chèrement payée, dans chacun des camps, de sorte qu'une deuxième offensive, prévue contre la ville pour le lendemain, doit être reportée au printemps.

Il s'agira, pour les troupes, d'hiverner sur le plateau glacial de la Chersonèse. La Marine devra pour sa part se maintenir dans les eaux dangereuses de la mer Noire afin de surveiller le port de Sébastopol et d'assurer la logistique de l'armée de Terre. En attendant l'offensive de printemps, il lui faudra en effet entretenir les troupes sur place et acheminer des renforts en hommes et matériel. Au printemps 1855, l'effectif de l'armée de Terre atteindra 140 000 hommes. L'armée russe, forte elle-même de 100 000 hommes, tenant la presqu'île, interdira aux alliés de tirer leurs subsistances du pays. Il appartiendra à la Marine de transporter depuis la métropole munitions, vêtements, vivres, fourrages, combustibles et d'acheminer vers les hôpitaux de l'arrière, voire jusqu'en France, les malades et les blessés du théâtre d'opération. Sur la base d'un courrier de l'Empereur au ministre de la Guerre, en date du 26 octobre 1854, la Marine est chargée de l'acheminement par bâtiments à voiles du personnel et des approvisionnements de la métropole jusqu'à Constantinople, et la Guerre de prendre le relais, avec des navires à vapeur, jusqu'en

20 D'après la feuille n° 84, carton BB^4 692.

Crimée[21]. Faute de moyens suffisants, les Britanniques seront mis à contribution pour transporter des éléments des nouvelles divisions créées fin 1854. La priorité donnée initialement au transport des troupes, au détriment du ravitaillement des unités hivernant en Crimée, aboutit à une situation critique. Les soldats, mal protégés du froid et dénutris, sont victimes de maladies, de gelures, et de mort par hypothermie. Paris, alerté en février, inverse les priorités.

L'hivernage ne correspond pas à une période d'accalmie complète sur le plan militaire. Les soldats s'emploient, de part et d'autre, à un travail de terrassement tandis que l'artillerie se livre épisodiquement à des duels. La Marine participera aux combats avec les pièces et les équipages mis à terre. Au total, durant toute la durée de la guerre, elle aura mis à la disposition du parc de siège 605 bouches à feu (contre 644 pour l'armée de Terre) et près de 2 500 hommes. Parmi ces derniers, les artilleurs, au nombre de 800, compteront à l'issue de la guerre, 34 tués et 98 blessés[22]. Quant aux bâtiments, lorsqu'ils ne seront pas employés au transport, ils seront chargés de la surveillance du port de Sébastopol.

LE SCORBUT

À ces contraintes exigeantes, liées à la guerre, s'ajoute encore et toujours la maladie. Le scorbut, qui avait donné quelques cas à la fin de l'année précédente, fait désormais un ravage dans les équipages. Déjà, au cours du second trimestre, l'escadre en avait enregistré trente cas. Le troisième trimestre, marqué par l'épidémie de choléra, en avait compté 531, amenant le Dr Marroin à préconiser une alimentation variée, introduisant de la viande, des légumes et des fruits frais. Malgré un relatif succès lié à l'exécution de la prescription médicale, le mois d'octobre enregistrait encore 427 scorbutiques.

---

21 Michèle Battesti, *La marine..., op. cit.*, p. 124.

22 Michèle Battesti, *La marine..., op. cit.*, p. 137.

Pour la première dizaine du mois de novembre, sur seulement six vaisseaux, les malades sont plus de mille ! Le plus touché d'entre eux, le *Friedland,* sur 730 marins, dénombre 420 scorbutiques ! Sur ordre de l'amiral Hamelin, le médecin-chef de l'escadre réunit alors les chirurgiens-majors des bâtiments "*dans le but d'apprécier le degré de gravité de la situation sanitaire* [...] *et de rechercher les moyens capables d'y porter remède*". Les causes sont tout d'abord analysées. Le "*séjour prolongé des équipages sur les navires,* (les) *influences marémateuses, l'épidémie de choléra* (et les) *fatigues excessives* ont constitué les *conditions si profondément dépressives* (qui, au moment précis de la) *saison froide et humide,* (a permis) à *l'usage des viandes salées et des légumes secs*" de provoquer le scorbut. Un tel constat "*entraîne des conclusions fatales*", rédigées par le médecin-chef à l'attention du commandant en chef de l'escadre *:*

> *1) Donner du repos à des équipages surmenés ;*
> *2) Leur procurer, à tout prix, de la viande, des légumes frais, des fruits acidulés ;*
> *3) Pour réaliser ces importantes propositions d'hygiène, dont* [le médecin-chef] *apprécie toutes les difficultés pratiques, soustraire une partie des bâtiments à la station de Crimée, en les envoyant refaire la santé de leurs marins dans le Bosphore.*

Le 14 novembre, pour ne rien épargner à la Marine, un ouragan se déchaîne sur la mer Noire, éprouvant les bâtiments de la flotte alliée. Trois vaisseaux perdent leur gouvernail, le *Danube* sombre, et le vaisseau *Henri IV* ainsi que la corvette *Pluton* se brisent sur la côte, comme neufs autres bâtiments britanniques, pour être aussitôt pillés par des bandes de cosaques.

Les graves avaries dues à la tempête nécessitent l'envoi de plusieurs vaisseaux dans le port de Constantinople. C'est l'occasion d'embarquer tous les scorbutiques de l'escadre et de les évacuer pour un séjour réparateur dans le Bosphore. Marroin lui-même est envoyé à

Constantinople pour installer un nouvel hôpital. Sur place, le gouvernement turc lui cède un vaste pavillon de l'Ecole navale, elle-même établie sur l'île de Chalki, l'une des îles des Princes. En attendant d'équiper les locaux pour y accueillir des malades, Marroin sollicite l'inspecteur général du Service de santé militaire, Michel Lévy, et l'intendant en chef, Angot, afin de leur confier une partie de ses malades. À cette période, l'armée d'Orient dispose d'établissements en nombre suffisant, mais manque de personnels soignants. Marroin propose donc le concours de cinq chirurgiens de marine, qui est aussitôt accepté. Ainsi, le 30 novembre, 100 scorbutiques sont dirigés sur l'hôpital de Ramitchiflic, 300 autres, moins sérieusement atteints, à l'hôpital de Douad-Pacha. Les scorbutiques du *Friedland* ont été pour leur part adressés à l'hôpital français de Saint-Benoît dont la Marine dispose à son gré depuis le début de la campagne en vertu d'un accord passé avec cet ordre hospitalier[23].

Les malades enfin répartis dans différents établissements, Marroin consacre ses efforts à l'installation de l'hôpital de Chalki. La direction de l'établissement est confiée à Monsieur de Bouchaud, commandant de la *Pandore,* navire attaché à la station de Chalki. Cet officier supérieur, "*doué de la plus délicate philanthropie*", s'attache avec zèle à mettre l'hôpital sur pied. Bientôt, la cuisine, la buanderie et la pharmacie sont en état de fonctionner. Les "*lits, matelas, traversins, draps de lit, couvertures, chemises, pintes, gobelets, écuelles, bassins de commodité*", demandés par Marroin au contre-amiral Lugeol, commandant la station du Bosphore, sont livrés par les navires qui effectuent leur retour en France. Les personnels *santé* de l'ambulance de Baltchick, dont les activités ont cessé, et ceux du *Henri IV,* qui s'est échoué sur les côtes de Crimée, viennent constituer l'équipe soignante de l'établissement. À la fin du mois de décembre, l'hôpital, doté d'une capacité de 300 lits, est prêt à recevoir des malades.

---

23 A. Marroin, *Histoire médicale..., op. cit.,* pp. 89-92.

Là-dessus, le vice-amiral Hamelin, promu au rang d'amiral et rappelé en France, arrive à Constantinople le 25 décembre. Il profite de son passage dans le Bosphore pour visiter les deux hôpitaux de la Marine et les marins qui y séjournent.

L'escadre de la mer Noire est désormais commandée par le vice-amiral Bruat. Marroin, maintenu dans ses fonctions de médecin-chef, attend, avant de rejoindre la Crimée, la mise en fonction de l'hôpital de Chalki. Dans les premiers jours de janvier, celui-ci reçoit les malades qui avaient été envoyés dans les hôpitaux de l'armée de Terre. Tous les malades de Crimée, transportés jusqu'au Bosphore par le *Lucifer* et le *Montézuma,* sont répartis entre cet hôpital et celui de Thérapia. Afin d'éviter l'engorgement des deux hôpitaux, et de se préparer à toute éventualité, les malades nécessitant plusieurs mois de convalescence sont embarqués pour Toulon. Ce travail accompli, Marroin regagne la Crimée.

Pour retenir l'Autriche-Hongrie qui est prête à s'entendre avec la Russie pour un partage des zones d'influence sur les Balkans, les Franco-Britanniques signent le 26 janvier une alliance avec son pire ennemi : la Sardaigne de Victor-Emmanuel et de Cavour. Une armée sarde de 15 000 hommes rejoint les alliés. Le 2 mars, le tsar Nicolas Ier disparaît. Son fils et successeur, Alexandre II, s'engage à poursuivre l'œuvre de son père.

Sur le plan sanitaire, grâce au régime alimentaire institué à l'instigation du corps médical, le premier trimestre de l'année 1855 voit la courbe du scorbut s'infléchir sérieusement : en janvier, le nombre des scorbutiques est de 337 ; en février de 113. Pour l'armée de Terre, il en est tout autrement. Marroin note que *"le scorbut, en progression décroissante dans l'escadre,* [suit] *une progression rapidement ascendante dans tous les régiments, plus particulièrement dans ceux arrivés en Crimée, depuis le commencement de la guerre.* [...] *Ce scorbut* [est] *identique à celui observé sur les vaisseaux, et* [dépend] *comme lui uniquement de l'usage prolongé des vivres de campagne. Les viandes salées, les légumes secs*

[ont] *amené le même résultat à terre et à bord*"[24]. Le scorbut relativement maîtrisé dans l'escadre, il reste les maladies habituelles, au premier rang desquelles se place la bronchite.

En cette fin de premier trimestre, la santé des marins s'étant bien améliorée et le temps étant moins rigoureux, l'administration, dans un but d'économie, demande s'il ne serait pas opportun de supprimer le régime exceptionnel dont jouissent les équipages. Marroin s'empresse d'adresser une note à l'amiral Bruat pour repousser cette tentative. Celui-ci se laisse convaincre par son médecin. Il est soucieux de maintenir ses équipages valides à la veille de l'expédition qu'il prépare à l'est de la presqu'île de Crimée, dans la mer d'Azoff, à l'encontre des voies de communication ravitaillant Sébastopol[25].

LE TYPHUS

Le début du second trimestre débute par l'apparition d'une nouvelle maladie, à fort pouvoir épidémique : le typhus. Présent dans l'armée de Terre, il a, jusqu'ici, épargné les marins. Depuis le début de l'hiver, les troupes turques sont particulièrement victimes du typhus. "*L'air confiné de leurs tentes hermétiquement closes, l'apathie de leur caractère, leur indifférence en matière de propreté, l'insuffisance de leur régime, la misère profonde au sein de laquelle elles vivent, et l'incurie de leurs officiers*" sont, selon Marroin, à l'origine de *l'influence typhique* qui règne dans leurs campements. La frégate à vapeur *Canada,* affectée au transport des malades de l'armée, est chargée, dans les premiers jours d'avril, d'acheminer de la garnison d'Eupatoria à l'hôpital turc de Kamiesh une partie des troupes égyptiennes dépendantes de la division ottomane. Arrivée à Kamiesh, elle compte dans son propre équipage plusieurs cas de typhus

24 A. Marroin, *Histoire médicale..., op. cit.,* pp. 119-120.

25 A. Marroin, *Histoire médicale..., op. cit.,* p. 127.

dont sept francs. Marroin obtient de l'amiral de suspendre le bâtiment de ses activités et de l'envoyer à l'île de Chalki. Sur le trajet du Bosphore, malgré l'isolement des premiers malades et l'application rigoureuse des mesures d'hygiène, le typhus touche 30 nouveaux marins dont trois décèdent rapidement[26].

Début mai, plusieurs frégates sont chargées de transporter les troupes d'Omer-Pacha d'Eupatoria à Kamiesh. Après trois voyages successifs, deux frégates sont envahies par le typhus, *l'Asmodée* et le *Christophe Colomb.* Pour la première, *"il suffit de débarquer les typhiques pour enrayer la marche de l'épidémie. La cessation de l'encombrement* - c'est-à-dire de l'agglutination sur le pont des passagers qui ont été débarqués -, *des lavages chlorurés, un régime tonique, une ventilation soutenue* [dissipent] *les germes morbides".* Sur les quatorze malades débarqués et installés dans une maison située près de la baie de Casatch, où la Marine a l'habitude d'envoyer ses convalescents, dix présentent un typhus intense. Le tableau clinique qu'en dresse Marroin est fortement évocateur de la maladie que l'on nomme aujourd'hui *typhus exanthématique : "phénomène d'adynamie et d'ataxie, hémorragies par diverses voies, exanthème violacé et confluent, délire d'une violence extrême".* Trois marins parmi ces malades succombent. Sur le *Christophe Colomb,* le typhus a malheureusement atteint un plus grand nombre de malades. Envoyé vers l'île de Chalki, il y débarque 56 typhiques dont quatorze décèdent[27].

L'EXPÉDITION DE LA MER D'AZOFF

Le 19 mai, le général Canrobert cède son commandement au général Pélissier pour reprendre la tête de son ancienne division. L'expédition de Kertch, en mer d'Azoff,

---

26 À noter que le *Canada,* comme d'autres bâtiments de moindre importance, n'apparaissent jamais dans les statistiques mensuelles et trimestrielles de Marroin.

27 A. Marroin, *Histoire médicale..., op. cit.,* pp. 140-141.

interrompue une première fois début mai, est relancée le 22 mai. Des bâtiments sont laissés sur place pour maintenir le blocus de Sébastopol et assurer les communications entre Kamiesh et Constantinople. La France engage trois vaisseaux, sept frégates à vapeur, dont l'une, l'*Ulloa,* est un navire-hôpital, six corvettes à vapeur, six avisos et une bombarde. La Grande Bretagne n'aligne pas moins de 33 bâtiments. En outre, 7 000 Français, 5 000 Turcs et 3 000 Britanniques des armées de Terre sont répartis sur tous ces bâtiments. Le 24 mai, les troupes sont débarquées sur une plage à proximité de Kertch, la ville qui commande l'entrée de la mer d'Azoff. Dans l'éventualité de combats meurtriers, Marroin fait établir une ambulance sur la plage même. La frégate-hôpital *Ulloa* est positionnée à peu de distance de là. La frégate *Asmodée* est désignée pour lui servir de succursale. Nous sommes en présence d'une véritable chaîne des secours, mise en œuvre pour une opération coup de poing, comprenant un poste de secours prévu pour le premier pansement, un hôpital flottant chargé des soins lourds et des opérations chirurgicales, et d'un navire chargé d'accueillir les blessés convalescents afin d'éviter l'engorgement du maillon précédent. Mais, à Kertch, comme ils le feront ensuite dans toutes les places fortes de la mer d'Azoff qu'investiront les alliés, les Russes refusent le combat et détruisent tout ce qu'ils peuvent avant de se retirer.

Une garnison s'établit dans la forteresse d'Iéni-Kalé, près de Kertch, privant de la sorte Sébastopol de l'un de ses grands axes d'approvisionnement. C'est le moment que choisit le choléra pour réapparaître au sein de la 1ère division. Deux cents hommes sont touchés, dont 75 décèdent rapidement. Devant cette nouvelle épidémie et l'insuffisance des moyens déployés à terre, la frégate-hôpital est mise à contribution. Les bâtiments de la Marine enregistrent à leur tour quelques cas mais sans gravité. Sur l'autre théâtre d'opération, devant Sébastopol, des éléments de la 1er Division ainsi que deux bâtiments restés au mouillage de Kamiesh présentent également un début d'épidémie. À croire que la période d'immunisation est révolue pour bon nombre de sujets. Cependant, il n'y a pas la flambée observée lors de la première épidémie de juillet-août 1854. Pour la Marine, l'*Alger,* qui est le plus touché, ne compte que 37 cas dont quinze tout de même s'avèrent mortels.

LES DERNIERS COMBATS

Lorsque l'expédition est de retour, le 15 juin, l'armée de Terre a remporté quelques victoires contre la place de Sébastopol. Le 7 juin les ouvrages extérieurs baptisés *Mamelon-Vert, Carénage* et *Carrières* sont tombés entre ses mains. Le 18 juin, forts de ces premiers succès, les Français se lancent à l'assaut de la tour Malakoff, les Britanniques du Grand Redan. Les uns et les autres échouent lamentablement, sacrifiant à l'impréparation de ces attaques quelque 5 200 hommes ! Les ambulances, engorgées par les victimes du choléra et l'afflux massif des blessés nécessitent le secours urgent du service de santé de la Marine. Marroin envoie six chirurgiens à terre.

Pour l'armé de Terre, ce mois de juin a été difficile. Pour un effectif de 120 000 hommes, la Marine et ses chirurgiens ont convoyé plus de dix mille blessés et fiévreux jusqu'aux hôpitaux militaires de Constantinople.

Arrêtons-nous sur la fâcheuse question du transport des blessés que Marroin s'est abstenu de développer dans son rapport. Nous l'avons déjà vu, au lendemain de la bataille de l'Alma, les blessés ont été transportés jusqu'aux détroits sur des bâtiments de guerre. Il n'existait pas de navire spécifiquement aménagé et consacré au convoyage sanitaire. "*Une des plus pénibles corvées était le transport des blessés et des malades à Constantinople,* relate le commandant du *Cacique*[28]. *Au moment où un bâtiment allait partir, il recevait l'ordre d'en prendre à son bord un nombre presque toujours plus considérable qu'il ne convenait. Mais il le fallait*".

---

28 Henri Rivière, *Le Cacique. Journal d'un marin,* Paris, Michel Lévy frères, 1866, 290 pages, p. 170.

Les écrits de l'officier de Marine permettent de reconstituer un tableau saisissant du calvaire des malades et blessés ainsi pris en charge. La batterie, dégagée d'un bord à l'autre, était prête à les recevoir. Souvent, le nombre de matelas était insuffisant. Les litières étaient faites alors de foin, reste du chargement de fourrage transporté. Quelques-uns uns toujours, un grand nombre parfois, mouraient en route. On ouvrait un sabord. Le commissaire essayait de dresser un acte de décès, mais il était très difficile de constater l'identité de l'homme qui venait de succomber. En cas de tempête, les malheureux soldats étaient jetés contre le bord par le roulis ou le tangage.

Le mois de juillet apporte les chaleurs de l'été et, avec elles, le retour du paludisme, aussi bien dans le Bosphore qu'à Inkermann, *poste infecté par les miasmes.* Le scorbut se maintient parmi les équipages, nécessitant une vigilance constante dans l'approvisionnement en vivres frais. La choléra s'abat sur la ville d'Eupatoria où les Turcs, qui composent l'essentiel de la garnison, ainsi qu'un détachement d'Infanterie de Marine, enregistrent de lourdes pertes. Sur le plan militaire, il y a peu de combats. Les efforts sont consacrés aux travaux d'approche de la tour Malakoff, l'un des verrous de la ville.

Le 16 août, tandis que la pression des alliés se fait toujours plus forte sur la ville, les Russes tentent une dernière sortie audacieuse. Protégés par le brouillard, au nombre de 40 000, ils franchissent le pont de Tractir et attaquent les divisions campées sur la rive gauche de la Tchernaïa. La réaction des alliés refoule les Russes à deux reprises. La violence des combats remplit encore les ambulances de nombreux blessés, au nombre de 800 pour les troupes françaises. Du 17 au 19 août, 1 203 blessés russes sont dirigés sur Kamiesh où, à la demande de Scrive, l'amiral commande que l'on constitue une vaste ambulance. Marroin désigne douze chirurgiens auxquels s'ajoutent quelques volontaires. Il prend la direction de cette unité de soins les deux premiers jours, dont il nous rapporte quelques principes de fonctionnement.

"*Il* [est] *important de catégoriser, avec soin, les cas qui réclamaient une opération immédiate et ceux pour lesquels il y* [a] *lieu d'attendre. C'est un travail délicat, qui a besoin d'attention, de patience, de sang-froid* [...]. *La chirurgie conservatrice restera toujours la meilleure, même à la guerre.* [...] *À mesure que se perfectionnent, se simplifient les appareils de contention pour les membres fracturés, cette doctrine gagne du terrain*". L'anesthésie repose encore sur le chloroforme, employé comme au combat du 17 octobre, avec une compresse jetée au fond d'un cornet de papier. "*Malgré trois accidents convulsifs, conjurés par la suspension provisoire de l'inhalation et quelques aspersions d'eau froide sur la figure,* [...], *il est à noter, pendant la chloroformisation pratiquée sur une aussi vaste échelle, l'absence d'accident mortel*".

Cette nouvelle intervention des chirurgiens de marine au profit de l'armée de Terre, donne l'occasion à Marroin de faire le point sur la contribution de son service de santé à l'action de son homologue de l'armée de Terre, décidément trop pauvre en praticiens. "*Depuis le commencement du siège, quatre chirurgiens, attachés aux compagnies de débarquement, participent au service de l'ambulance de tranchée aux côtés de leurs confrères du service de santé militaire. Plus récemment, un cinquième a été affecté au poste d'Inkermann. À la suite de l'attaque de Malakoff, le 17 juin, six chirurgiens se sont rendus à terre dans les ambulances, et quatre parmi eux étaient toujours en place en août. En ce moment même, douze chirurgiens sont à l'œuvre à Kamiesh. Enfin, six autres sont, depuis plusieurs mois, affectés aux transports sanitaires reliant Constantinople. Nous arrivons à un total de 27 chirurgiens mis à la disposition de l'armée*".

À compter du 5 septembre, les alliés soumettent la ville et son port à un tir intense d'artillerie. Le 8, l'armée reçoit l'ordre de se préparer à l'assaut. À midi, la division du général Mac-Mahon prend pied sur la tour de Malakoff et s'y maintient. Dans la soirée, après avoir fait sauter leurs magasins, leurs poudrières et certains murs, les Russes se retirent au moyen d'un pont de bateaux jeté entre la ville et la rive droite de la rade. Le lendemain, les drapeaux alliés se dressent sur Sébastopol. À l'exception du détachement débarqué et des bombardes, la violence du vent a empêché à la Marine de prendre part à cet acte final.

Mais le succès est cher payé. À 2 000 tués, s'ajoutent 5 000 blessés qui envahissent les ambulances. La Marine dépêche encore ses chirurgiens auprès des ambulances de l'armée de Terre.

La victoire sur Sébastopol acquise, la flotte franco-britannique *obtient d'accomplir une expédition destinée à porter un dernier coup à la marine russe.* Destination Kinburn, à l'embouchure du Dniéper et du Bug. Quatre vaisseaux mixtes, trois frégates, les bombardes, les canonnières ainsi que trois batteries flottantes, arrivées depuis peu, constituent la flotte française. Les Britanniques y joignent des forces à peu près équivalentes. Une division franco-britannique de 8 000 hommes embarque sur les navires qui lèvent l'ancre le lendemain, 7 octobre. Kinburn est atteinte le 13 suivant. Le feu des canons et des batteries flottantes est ouvert le 17 contre la forteresse. Son effet dévastateur rend l'assaut des troupes terrestres inutile : le fort capitule. Pour la Marine française, les pertes sont faibles et ne concernent que deux batteries flottantes. La première, la *Dévastation,* déplore deux tués et douze blessés dont dix légers. La seconde, la *Tonnante,* ne compte que huit blessés légers et un blessés à la main auquel il faut amputer quelques phalanges. Pour les Russes, les pertes sont autrement plus élevées : 25 tués et 80 blessés. Sur ordre de l'amiral, le médecin-chef établit une ambulance provisoire à terre qu'il arme avec dix chirurgiens.

Le 1er novembre la flotte alliée quitte la place pour regagner Sébastopol où elle arrive le 3. L'amiral Bruat apprend à ce moment là qu'il est rappelé en France avec les bâtiments qui participent à la campagne depuis le début. Marroin est du voyage. Il passe ses consignes à son successeur, le Dr Thibaut, chirurgien-major du *Napoléon.* L'état sanitaire de l'escadre est relativement satisfaisant : *"Il y a si peu de malades dans la flotte que les deux tiers des lits* [des] *hôpitaux* [de la Marine sont] *inoccupés*"[29]. Le 7 novembre, l'amiral Bruat, le médecin-chef Marroin, plusieurs bâtiments transportant la garde impériale qui a également reçu l'ordre de rentrer, quittent Sébastopol. Ceux qui restent, de leurs compatriotes et des alliés, leur adressent des saluts au milieu des tirs de canon. Marroin écrira plus tard à propos de ce départ :

> *On est souvent témoin d'enthousiasme de convention. Ce jour là, l'émotion était à la fois vraie et réciproque. Eloignés de la patrie depuis près de deux ans, nous touchions avec bonheur au terme de cette glorieuse campagne. Nos compatriotes, comme nos alliés, savaient les épreuves que nous avions traversées*[30].

Le 10 novembre, l'escadre est dans le Bosphore. C'est là que le choléra, qui n'a jamais vraiment quitté les équipages et les troupes, touche l'amiral Bruat pour le terrasser. Le 31 novembre, elle est à Toulon.

CONCLUSION

Engagée dès juin 1853 dans la campagne d'Orient, la Marine au complet ne rentrera définitivement qu'en 1856 avec l'arrière-garde de l'armée de Terre. La destruction du port militaire d'Odessa, la journée du 17 octobre 1854, les prises de Kertch, Sébastopol et Kinburn, constituent ses hauts faits de guerre. Au cours de son aventure, son service de santé a eu à combattre, par les mesures d'hygiène, la vaccination et les soins médico-chirurgicaux, outre les affections habituelles des gens de mer, la variole, le paludisme, le choléra, le typhus et le scorbut. Face au choléra, il est resté impuissant, comme tous les services de santé de l'époque. Les épidémies de variole ont été en revanche très limitées grâce à la vaccination de Jenner. Peut-être auraient-elles pu être

---

29 A. Marroin, *Histoire médicale..., op. cit.*, pp. 184-185.

30 A. Marroin, *Histoire médicale..., op. cit.*, p. 188.

totalement éliminées si l'intérêt d'un rappel vaccinal avait été compris ? Le paludisme, difficile à prévenir en raison du mystère qui entourait encore sa nature et son mode de transmission, fut efficacement combattu dans ses effets létaux par la quinine. Le typhus, maladie de la promiscuité et de la saleté, au mode de transmission également inconnu à l'époque, fut relativement circonscrit grâce aux mesures d'hygiène. Le scorbut enfin, péniblement endigué par l'amélioration de la ration alimentaire et les séjours dans le Bosphore, aurait pu être entièrement prévenu par le *limon-juice* des Britanniques.

Sur le plan chirurgical, les opérations de guerre ont été l'occasion d'employer à grande échelle et avec d'excellents résultats l'anesthésie au chloroforme. Le sous-effectif en chirurgiens de l'armée de Terre, conjugué aux afflux épisodiques de blessés en grand nombre, ainsi que le débarquement de pièces et de servants d'artillerie, ont amené les chirurgiens de marine à œuvrer au sein des ambulances terrestres. Les expéditions sur le littoral de la mer Noire enfin, ont amené le médecin-chef de la flotte à organiser des soutiens santé échelonnés depuis la terre ferme jusqu'à un navire-hôpital ancré à proximité.

Le théâtre d'opération enfin a bénéficié d'une chaîne d'évacuation reliant la Crimée à Toulon en passant par la Bosphore où deux hôpitaux de marine ont été successivement installés.

Il reste à déplorer tout au long de la campagne, après les ravages causés - inutilement - par le scorbut, l'absence de navires exclusivement consacrés au transport des malades et des blessés.

Il fut heureusement tiré des leçons de cette guerre. Le jus de citron par exemple fut définitivement introduit dans l'alimentation quotidienne du marin pour mettre fin au scorbut. L'avènement de la cuirasse, qui promettait de soumettre les marins à d'importantes variations de température préjudiciables à leur santé, allait cependant imposer de nouveaux défis au service de santé de la Marine.

Le Service de Santé des Armées pendant la Pacification du Maroc, 1907-1934

Lieutenant-colonel (er) Jean-Pierre RENAUD

Aborder le rôle du Service de santé militaire au Maroc pendant la période de pacification, c'est-à-dire entre 1907 et 1934, c'est véritablement présenter une part glorieuse de l'action française outre-mer. On s'accorde à penser que le Maroc moderne est l'œuvre de Lyautey, il a tout pensé, tout concrétisé, tout mis en œuvre, lui-même, pendant son proconsulat.

S'il fallait lire un seul texte sur l'œuvre de la France au Maroc, ce serait indéniablement l'allocution que fit Lyautey aux *Journées médicales de Bruxelles* le 26 juin 1926.

Après vingt-sept années de luttes ininterrompues, la pacification du Maroc s'est achevée en 1934. Elle nous a coûté environ 27 000 morts[1] dont 8 628 tués[2] à l'ennemi et 15 000 blessés. Dans ces chiffres seraient[3] incluses les troupes supplétives, c'est-à-dire les troupes maro-

---

1 Chiffre donné dans E. Garnier (dir.), *L'Encyclopédie Coloniale et Maritime,* "Maroc", Éditions de l'Empire Français, 1948, p. 90.

2 Dans son ouvrage *Sur les traces glorieuses des pacificateurs du Maroc*, L. Voinot donne ce chiffre de 8 628 tués pour les troupes régulières et supplétives ainsi qu'une liste nominative des officiers tués pendant la pacification, 622 au total.

3 J'emploie le conditionnel car je doute un peu que les pertes des partisans, en particulier, aient pu être prises en compte.

caines fournies par les maghzens[4], les goums[5], les partisans[6].

Le premier recensement de la population au Maroc a lieu en 1921, il ne concerne que la zone française pacifiée ; la population marocaine est alors estimée à 3 372 000 habitants, Israélites inclus, les Européens sont 80 700 dont 51 500 Français.

On ne peut donc comparer l'écart entre 1912 et 1921.

Mais, un an après le départ de Lyautey, en 1926, la population marocaine s'élève à 4 789 400 (dont 107 500 Israélites) pour 104 700 Européens (74 600 Français). Le premier recensement total de la zone française entièrement pacifiée aura lieu en 1936, on comte alors 6 042 600 Marocains (dont 161 900 Israélites) et 202 600 Européens (152 100 Français). Démographie, santé, hygiène, ces trois termes sont indissociables pendant la période de Lyautey. Les résultats sont indiscutablement positifs, l'accroissement rapide de la population est intimement

---

4 Maghzens : forces de police organisées en permanence et constituées par des cavaliers ou des fantassins marocains ou algériens (au début de la pacification) à la disposition du service des affaires indigènes (AI). Ils sont recrutés pour une durée variable. Certains sont sous contrat d'autres non. Ils fournissent l'escorte de l'officier des AI. Ils peuvent quitter le maghzen avec le simple assentiment de leur officier des AI qui peut les congédier sans difficulté. Certains maghzens sont à la charge du budget de la guerre d'autres à la charge du protectorat.

5 Goums : unités de police mixtes d'infanterie et de cavalerie permanentes recrutées par engagement dans les tribus soumises du Maroc et encadrées par des officiers des AI et des gradés instructeurs français et indigènes des troupes régulières. Un goum correspond à une compagnie mais il est mixte (125 fantassins pour 40 cavaliers à la date de l'IM du 17 mai 1914, BO, P.R. du 8 juin 1914), un tabor à un bataillon, un groupement de tabors à un régiment.

6 Partisans : cavaliers ou piétons civils (ce ne sont pas des cavaliers ou des fantassins formés) levés pour une période déterminée, très variable suivant la mission qui leur est confiée (participation à une opération de police ou de ravitaillement, etc.) mais toujours très limitée. Ils sont encadrés de leurs chefs indigènes et commandés par des officiers des AI.

liée à une amélioration des conditions physiques de la population et de son niveau de vie. Malheureusement, très rapidement les beaux projets d'urbanisme ne suivront plus, en particulier des cités comme celle d'Aïn Chok, près de Casablanca, ne seront pas construites en nombre suffisant.

Le 27 avril 1912, en Conseil des ministres, Lyautey est désigné Commissaire résident général de la France au Maroc. Le 13 mai, il débarque à Casablanca, le 15, il est à Rabat, le 24, il entre à Fès qui est assiégée dès le 25 au matin par des milliers de Berbères. Le général Gouraud réussit à dégager Fès, le 1er juin, ce qui permet d'évacuer le sultan Moulay Hafid vers Rabat en vue de son abdication car il refuse d'assumer les accords du protectorat. Il souhaite, contre une très forte indemnité et l'assurance de pouvoir regagner la France, laisser la place à son frère, Moulay Youssef[7].

Lyautey devient le socle du Maroc moderne, il légifère dans tous les domaines et dirige à l'américaine "son" Maroc qu'il protège délibérément contre toute agression tendant à dénaturer son passé et sa culture. Ce qui caractérise l'œuvre de Lyautey c'est la simultanéité de sa création d'un Maroc moderne, avec sa restauration du Maroc millénaire, tout en étant prêt à faire le coup de feu si les circonstances l'imposent.

Voici une courte analyse du système lyautéen pour le domaine de la santé à travers cette allocution de 1926 illustrée de quelques exemples suivie une interprétation de cette organisation vue par un universitaire, en 1988.

L'ALLOCUTION DE LYAUTEY AUX *JOURNÉES MÉDICALES DE BRUXELLES* LE 26 JUIN EN 1926

Cette exceptionnelle communication de Lyautey, à Bruxelles, en juin 1926, est une démonstration de sa

7 Le plus jeune de ses trois fils deviendra, le 18 novembre 1927, Mohammed V, le sultan garant du retour de l'indépendance nationale, en mars 1956.

conception de l'organisation des services de santé et d'hygiène applicable dans les pays neufs.

Son objectif est de réaliser au maximum :
- l'unité d'action et de direction ;
- la surveillance médicale intégrale du pays ;
- la concentration des efforts ;
- l'économie des frais généraux.

Cette **unité d'action et de direction**, qui lui fera quitter le gouvernement en 1917, moins de douze semaines après avoir pris ses fonctions de ministre de la Guerre[8] (24 décembre 1916-14 mars 1917) et Secrétaire Général du Comité de Guerre, il va pleinement l'appliquer à la construction globale du Maroc, tout particulièrement aux services de santé et d'hygiène.

Il est très important de comprendre cet état d'esprit, cette puissance de tout voir de haut tout en descendant jusqu'au niveau le plus humble, non pas par caporalisme, ce dont Lyautey a une sainte horreur, mais pour créer un pays neuf.

Il reconnaît d'emblée que son approche du rôle de la médecine et de l'hygiène aux colonies est le fruit de cinq années passées auprès de Gallieni pendant lesquelles il a pu se libérer totalement de tout formalisme. Les mains libres, il a immédiatement compris le rôle politique, social, économique du médecin par delà même sa mission

---

8 Louis Barthou, alors ministre de la Guerre, avait dit, lors de la loi de trois ans : "*Un ministre de la guerre civil, c'est une règle en temps de paix, un dogme en temps de guerre !*" Lyautey ne sut pas tenir tête au Parlement lors de son allocution du 14 mars 1917 où son objectif était de voir se créer un commandement unique interallié. Sa démission entraînera celle du Gouvernement Aristide Briand qui entrevoyait la victoire finale. Les lauriers seront ramassés par Clemenceau ; après la rupture du front en 1918, le général Foch sera nommé généralissime et commandant interallié. Le départ de Lyautey du Ministère de la Guerre est à l'image de celle du général de Gaulle à l'issue de son référendum sur la régionalisation, idée reprise quelques années plus tard.

sacrée, mission remplie la plupart du temps par "*des âmes généreuses, aimantes et convaincues*".

Ces directives comme Résident général au Maroc sont éclairantes. Résumons-les sans en changer l'esprit. Comme, au début de la pacification d'un pays, il y a peu de médecins civils et, "*pas toujours de première valeur*", mais au contraire des médecins militaires souvent expérimentés, ils sont donc appelés "*à remplir, au début, des obligations médicales aussi bien vis-à-vis des colons et des indigènes que des troupes*". Progressivement les médecins civils deviennent opérationnels alors même que les populations civiles, tant indigène qu'européenne, augmentent et que les troupes diminuent. Or, selon Lyautey "*il n'y a pas une hygiène et une santé militaires et une hygiène et une santé civiles, les règles générales sont les mêmes qu'il s'agisse de l'une ou de l'autre catégorie*".

Pour Lyautey, les conséquences sont logiquement : pas de cloison étanche entre le personnel civil et le personnel militaire, une unité de direction avec un directeur général, pas d'angle mort dans le pays, un médecin chef auprès de chaque commandant de région, chargé de tout ce qui concerne la santé et l'hygiène, civiles, militaires et indigènes, "*dégagé pour cela de toute la besogne administrative*" et "*disposant de ces groupes mobiles médicaux, au nombre d'un, deux ou trois par région, qui nous ont rendu de si incalculables services, véritables petites infirmeries ambulantes, constituées par un équipage léger, un matériel approprié, rayonnant, allant chercher dans les groupements les plus lointains le client indigène, s'y installant suffisamment longtemps pour y faire œuvre efficace, parfois en avant dans des zones non encore pénétrées, ayant souvent à y jouer un rôle d'attraction autrement efficace que le coup de fusil*".

De la surveillance des chantiers à la vie courante du troupier à la caserne, dans les camps, les postes, les colonnes expéditionnaires, Lyautey a le souci de l'hygiène à laquelle participe le bien-être du troupier. Dès qu'un problème lui est soumis en réunion, il n'est pas rare que Lyautey entraîne à sa suite, presque au pas de course, l'ensemble des intéressés sur le terrain où il dictera une note de service brève pour régler le problème soulevé en réunion. Le moral de la troupe et de son encadrement est pour lui capital, peut-être pourrions-nous parler d'une hygiène mentale précédant l'hygiène corporelle.

Dès l'arrivée au port de Casablanca, quelque soit le grade, y compris les familles, tous sont accueillis avec chaleur, les cadres peuvent, sans soucis, laisser leur famille au point d'accueil pour se consacrer aux formalités d'affectation avant de rejoindre le bled. Le dépôt des isolés coloniaux est conçu pour qu'il n'y ait pas d'entassement où, selon sa formule : "*s'il y a une agglomération de troupe pour laquelle des réfectoires et des salles de réunion vastes, bien aménagées et bien pourvues, soient nécessaires entre toutes, ce sont les isolés précisément parce qu'ils n'ont pas de service et sont désœuvrés*". Pour le dépôt des isolés de Casablanca, comme l'intendance n'est pas en mesure d'effectuer le change des draps régulièrement, Lyautey adopte le hamac, au moins est-il sûr que la vermine ne s'installera pas ! Si Lyautey avait rendu visite au camp de Sainte-Marthe, à Marseille, pendant la guerre d'Algérie[9], il est à craindre qu'il aurait eu une attaque tant les conditions d'accueil et d'hygiène étaient déplorables. Pour le maréchal, quelques parterres de fleurs et massifs de verdure, une vue face à la mer, ne sont pas du luxe, il sait combien la vie dans le bled sera dure, insoupçonnable pour les générations d'aujourd'hui habituées au confort à l'américaine, même en opérations, comme dans la plupart des opérations de maintien de la paix. Ce qui n'est pas le cas pour les Forces Royales marocaines dans le Sud-marocain, face au Polisario, dans une zone désertique très éloignée des premières zones habitées[10] et pour les forces alliées occidentales en

---

9 J'en fus le témoin au début de l'année 1961.

10 70 000 hommes monteraient la garde sur une succession de murs élevés en plein désert pour séparer le nouveau "Maroc utile" (avec les gisements de phosphate) des derniers combattants du Polisario, toujours abrités par l'Algérie dans la région de Tindouf. Cette garde est digne du *Désert des Tartares* de Buzzati !

Afghanistan où le terrain et le climat sont très contraignants[11].

L'attachement à la culture de l'esprit participe pour Lyautey au développement du moral, à la lutte contre l'étiolement précurseur de la dépression. Je ne citerai qu'une conclusion, celle d'une de ses multiples notes de service sur ce sujet :

> *Je termine par une conclusion qui pourra paraître un paradoxe, mais qui est l'expression de ma profonde conviction. J'estime que, dans la plupart des cas, ces locaux et emplacements extérieurs de réunion doivent être les premiers installés. Au cours de la construction d'un poste, période longue et ingrate, l'homme couche plus ou moins longtemps sous sa tente ou dans des abris provisoires, mais dès le début, pendant les travaux, alors même que l'on est dans la période des précautions militaires les plus intenses et de défense, il trouve un lieu de réunion avenant et dégagé où il se délasse, se ressaisit et réagit contre le cafard qui est le premier des ennemis à combattre dans les postes isolés... Il y a lieu également, là où les effectifs indigènes sont nombreux, d'envisager des lieux de réunion pour les Musulmans et les Sénégalais, à aménager avec des modalités spéciales et plus simples, avec des nattes, quelques jeux, quelques instruments de musique, un petit matériel pour servir le thé ou le café.*

De la culture de l'esprit aux soins à donner au corps, Lyautey, inlassablement, décrit avec minutie le type de chambre de toilette qu'il veut voir installer dans les

---

11 Les opérations se déroulent en zone montagneuse, entre une altitude de 2 000 et 4 000 mètres ; les troupes américaines de la *10th Mountain Division* ont rencontré des difficultés dues, pour l'essentiel, au manque d'accoutumance à ce type de milieu et, faute de personnels spécialisé en nombre suffisant. Par ailleurs leurs matériels n'étaient pas adaptés. La possession potentielle de missiles anti-aériens par l'ennemi a gêné l'emploi des hélicoptères, de même que l'altitude.

casernements, du modèle le plus moderne au modèle le plus rustique en fonction des crédits mais toujours susceptible d'être agrandi, modernisé au plus tôt :

> *On connaît les quelques misérables robinets placés sous un escalier, ouverts pendant un temps dérisoire, qui, dans la plupart des casernes, constituent l'unique moyen de toilette de toute une unité.*

Pourtant, le souci du détail de Lyautey n'aurait sans doute pas laissé de traces sans la mise en chantier d'une grande organisation, et pour ce qui nous concerne, sans la construction de grands hôpitaux avec leur mode de fonctionnement. Tout le détail d'organisation nous est donné, en 1931, dans l'ouvrage *Le Génie aux colonies*[12]. Lyautey ne veut pas reproduire les erreurs commises en France ou en Algérie où il a pu constater la construction d'hôpitaux militaires rapidement devenus surdimensionnés du fait de l'avance de la ligne de conquête ou de la dissolution d'unités[13], et en conséquence, du retrait d'effectifs importants dans une garnison. Lyautey décide alors de remédier à ce problème en conjuguant dès l'origine les efforts des services de santé civil et militaire.

Son principe est le suivant :

> *Au Maroc, les centres de population se présentent le plus ordinairement sous la forme de l'agglomération composée de troupes et de colons, où tantôt l'élément militaire, tantôt l'élément civil est prépondérant. On ouvre alors des hôpitaux mixtes relevant suivant le cas, comme direction, soit de l'autorité militaire, soit de*

---

12 *Le Génie aux colonies*, collection Les Armées françaises d'outre-mer, collection élaborée à l'occasion de l'Exposition coloniale internationale de 1931 sous la responsabilité du maréchal Lyautey, Paris, Imprimerie de France, 1931, 346 p., pp. 39-102

13 Nous avons connu cela avec la réorganisation des Forces Armées professionnalisées (1996-2002) qui a entraîné de multiples dissolutions d'unités, laissant des hôpitaux militaires sans aucune autre troupe dans leur garnison.

> *l'autorité civile. Dans ces établissements, l'élément subordonné a toujours à lui un embryon d'installation susceptible d'accroissement. Par exemple, dans un hôpital militaire important, il y aura un ou plusieurs pavillons à l'usage des civils. Si une catégorie de population gagne l'autre, la partie correspondante de l'hôpital empiètera sur le domaine de la fraction en déchéance. Il arrive le plus souvent au Maroc que la garnison ira en diminuant, la population civile allant en augmentant. Dans ce cas, des pavillons militaires seront passés au service civil, suivant conventions prévues et toutes les constructions faites continueront ainsi à être pleinement utiles.*

À partir de 1931, on s'oriente sur la construction d'un quartier sanitaire où sont jumelés un hôpital civil et un hôpital militaire "*possédant chacun tous les services techniques nécessaires pour fonctionner séparément (salles d'opération, laboratoires, clinique, pharmacie, etc.) mais restant cependant tributaire des services généraux communs (buanderie, désinfection, ateliers, services des convois, etc.), voire de certains organes techniques particuliers tels que les consultations de spécialistes dont la gestion pourra être assurée par une autorité administrative indépendante de celle des hôpitaux civils ou militaires*". Ce n'est pas un hôpital mixte mais un jumelage auquel est joint un hôpital indigène ; les deux ou trois établissements mettent en commun leurs ressources générales pour le plus grand bien des malades et des finances tant marocaines que métropolitaines. Suivant l'expression du maréchal Lyautey,

> *ils ont une charnière commune. Avec ces dispositions aucune dépense faite soit par la guerre, soit par le protectorat ne risque d'être improductive ; toute amélioration militaire profite à la population civile en même temps que les aménagements réalisés par le protectorat viendront concourir à rendre meilleurs les condi-*

tions d'installation et d'hygiène des malades du corps d'occupation.

Cette “charnière” ne résistera pas au temps. Seuls quelques Marocains privilégiés peuvent accéder aux soins dispensés dans les hôpitaux civils. Par contre, dans les formations militaires, il n'y a aucun changement, “indigènes” et Français, familles comprises, reçoivent rigoureusement les mêmes soins. En opération, jusqu'en 1934, les dissidents sont soignés sur les lieux mêmes des combats ; plus tard, ce sera lors des manœuvres, les indigènes rencontrés dans le bled et nécessitant des soins seront traités comme le veut la tradition. Il faudra attendre, pour le secteur civil, la création de l'hôpital Avicenne de Rabat, en 1954, pour avoir cette fois un véritable hôpital mixte.

Sans nous plonger dans le rôle de l'aviation au Maroc pendant la même période, un rôle multiple puisque l'aviation est alors un outil à la fois stratégique et tactique, **l'aviation militaire s'est équipée d'avions sanitaires très sollicités**[14] : le nombre total des évacués par avion est de 173 dès 1929, 164 en 1930, il atteint 295 en 1932[15]. Les résultats ont été considérés comme excellents au point que le docteur Cruchet fut chargé de mission par le ministre de l'Air, en mars 1933, pour être à même de pouvoir organiser la future aviation sanitaire civile.

---

14 *“Le service de santé qui n'a disposé pendant la période la plus pénible au point de vue pertes que d'un G.S motorisé doté de 5 voitures sanitaires seulement, a réussi à étaler, grâce à un effort admirable du personnel, mais aussi grâce au concours des avions sanitaires qui ont pu effectuer dans d'excellentes conditions 57 évacuations dont 19 dans la même journée (2 mars 1933), et au concours des cars et des camions C.A.T. qui ont pris à leur charge l'évacuation de tous les malades et blessés légers”*. 3 H 991 Rapport sur les opérations 1932-1933 n° 572-OP/3 du 15 novembre 1933 du Colonel Denis, commandant p.i. les Confins algéro-marocains à Monsieur le général de division commandant supérieur des troupes du Maroc EM – 3e bureau Rabat.

15 René Cruchet, *La conquête pacifique du Maroc et du Tafilalet*, Paris, Berger-Levrault, p. 311.

Les appareils utilisés au Maroc furent des Potez 29, au nombre de 16, ainsi que 4 Hanriot. Les Potez 29 pouvaient évacuer 3 blessés couchés et 1 assis, le Hanriot un seul blessé couché.

De novembre 1932 à septembre 1933[16] le nombre d'évacuations sanitaires par air fut de 57, dont 19 dans la seule journée du 2 mars 1933 et 16 pour la journée du 12 août 1933. Les pertes pendant cette même période, sont très élevées : 219 tués, 472 blessés. Pendant ces opérations, le commandement déploie sur le terrain un à deux groupes sanitaires augmentés parfois, comme entre août et septembre 1933, d'un groupe chirurgical.

La formule de Lyautey "*Il n'est pas de fait plus solidement établi que le rôle du médecin comme agent de pénétration, d'attirance et de pacification*" était d'une efficacité redoutable.

Le 21 octobre 1912, le Service de l'Assistance médicale indigène s'étend à 38 formations ; on relève, en 1928, 2 152 256 consultations, plus de 500 000 vaccinations et 720 880 journées d'hospitalisation.

Il faut aussi citer la création des Sociétés indigènes de Prévoyance (dahir du 26 mai 1917), leur but est de venir en aide par des prêts ou des secours temporaires aux cultivateurs pauvres, victimes de maladie ou d'accidents. Lyautey ne laisse effectivement aucun angle mort.

L'INTERPRÉTATION DE CETTE ACTION MÉDICALE EN 1988

Cet aperçu de la méthode Lyautey : unité d'action et de direction, surveillance médicale intégrale du pays, concentration des efforts, économie des frais généraux, cette méthode, revisitée (pour employer un mot à la mode) à partir des années quatre-vingt, n'est pas analysée comme nous venons de le faire mais, au contraire, est vivement critiquée.

---

16 Opérations du Regg, de l'Oued Hassia, du Sagho, du Tagountsa, du Taribant, du Raghia, de l'Assiuf melloul, de l'Imdghas, de l'Ifegh-Kerdous-Baddo.

Dans son ouvrage *Lyautey et l'institution du protectorat français au Maroc, 1912-1925*, publié en 1988, voici comment Daniel Rivet, professeur d'université, commence l'introduction de son XXe chapitre consacré à la santé et à l'école :

> "Pour justifier la mission civilisatrice" *de l'Europe en Afrique et en Asie au XIXe siècle, les coloniaux invoquèrent partout l'introduction de la médecine et de l'école européennes... En soulageant la souffrance des malades, la médecine visait à la conquête des corps. En luttant contre l'ignorance, l'école cherchait à s'emparer des esprits. Ces deux relais de la civilisation européenne entreprenaient donc la* "conquête morale" *de l'homme indigène... C'est dans ce contexte qu'il faut situer* le maniement de la médecine *et de l'école européenne au Maroc par le protectorat lyautéen. On les introduit sans aucune des illusions civilisatrices familières aux hommes du XIXe siècle. On réfléchit à une politique de la santé et à une politique de l'instruction. On les définit comme des instruments de pouvoir, et non pas de libération de la maladie et de l'obscurantisme. On les dose et on les subordonne à une stratégie de contrôle social, de préservation de l'ordre existant et d'adaptation des masses comme de l'élite aux exigences nouvelles du siècle importées avec le Protectorat. Guérir le corps des Marocains pour préserver la cité coloniale : à cet objectif est subordonnée une stratégie de prophylaxie à l'efficacité quasi militaire dans sa mise en œuvre..."* (pp. 223-224).

Dans cet extrait, les expressions "*mission civilisatrice*" et "*conquête morale*" sont tout naturellement entre guillemets, on notera encore qu'il utilise l'expression "*maniement de la médecine*". Il termine toutefois cette introduction par la phrase suivante : "*Une minorité moderniste pour comprendre le but du Protectorat appliqué à la Lyautey, apprendre les méthodes de travail de l'Europe* (je préférerais qu'il cite franchement la France car il s'agit bien de l'action de la France) – *qu'il s'agisse de l'économie ou de l'État- tout en restant soi-même, avec une mince phalange de colons et de fonctionnaires d'élite*", il achève en citant Lyautey : "*On peut faire un très beau et bon Maroc en restant marocain et musulman*".

Enfin, le premier sous-titre de ce chapitre consacré à la santé s'intitule : "*La médecine : un instrument de contrôle des masses manié avec un autoritarisme bienveillant*".

Le professeur Rivet reconnaît pourtant, dans un deuxième ouvrage *Le Maroc de Lyautey à Mohammed V, le double visage du Protectorat*[17], que de très nombreux médecins sont de véritables apôtres de la civilisation :

> "*Du Dr. Chatinières, mort à Taroudant "au champ de l'humanité" en luttant contre le typhus et recommandant, en termes Franciscains, qu'on l'enterre sur place dans le jardin de son dispensaire, au Dr. Secret, allant à la barbe de la police coloniale, soigner des émeutiers nationalistes... la liste serait longue à établir des hommes et des femmes de la Santé publique au temps du Protectorat qui illustrèrent le mot de Pascal :* "Je ne crois qu'aux témoins qui se font égorger".

Mais il préfère s'attarder sur "*la finalité et les modalités du dispositif hygiéniste élaboré par le Protectorat*". Pour le professeur Rivet, le souci majeur des contemporains de Lyautey est de préserver

> "*les Européens des grands fléaux endémo-épidémiologiques menaçant le pays. Il fallait garantir aux colons la santé et, sinon "faire du Marocain" (comme on voulait "faire du nègre" dans l'AEF dévastée par les ravages combinés*

---

17 Daniel Rivet, *Le Maroc de Lyautey à Mohammed V, le double visage du Protectorat*, collection L'aventure coloniale de la France, Paris, Denoël, 1999, 461 p.

de la mouche tsé-tsé et du portage), du moins assurer la couverture médicale du "Maroc utile" et son approvisionnement en main-d'œuvre...".

Il cite le Dr. Colombani :

De même qu'une armée, pour aller vite et droit au but, est obligée de laisser ses impedimenta dans certains moments critiques, de même cette assistance sanitaire, avant de s'attarder aux déchets sociaux, aux aliénés, aux incurables et aux miséreux, à la protection des vieillards et de l'enfant, s'est ingéniée à préserver sans délai ceux qui agissaient et travaillaient.

Avec une telle interprétation, nous serions à même de penser qu'un "Maroc utile" ne peut s'encombrer de toute une partie de la population, que son seul objectif est de préserver les nouveaux venus, c'est-à-dire les colons et leur main d'œuvre. Il nie l'action des médecins militaires et civils du bled. Naturellement il faut bien commencer par le commencement, tout ne peut être entrepris simultanément ; l'action médicale se fait d'abord en suivant les colonnes militaires et au fur et à mesure que s'étend la pacification. Dans les villes, le travail à réaliser est tellement énorme qu'il se fait quartier par quartier selon le nombre de dispensaires qui s'installent.

Le professeur Rivet est pourtant au fait de la situation sanitaire du Maroc à notre arrivée, il cite le docteur Debré, en tournée au Maroc, hiver 1911, entre Casablanca et Marrakech :

Plaies suppurantes, jointures gonflées, membres déformés par des fractures mal réduites, paupières bouffies, globes oculaires gravement lésés, tumeurs cutanées, beaucoup de jeunes enfants au ventre gonflé, parfois vieillards boitant et marchant avec peine.

Autre sous-titre de cet ouvrage[18] *Despotisme sanitaire*. Voilà ce qu'il écrit :

> *Ce sont les médecins du service de Santé publique (qui, comme nous l'avons dit est lié au Service de santé militaire) de l'entre-deux-guerres, tous pasteuriens inflexibles, qui disposent sur le corps malade de la ville musulmane un appareillage médical ayant moins pour objectif de soulager l'individu souffrant que de purger la ville de ses éléments indésirables afin de juguler le retour menaçant des grands fléaux : le typhus, la peste, la fièvre typhoïde. La lutte contre les grandes maladies endémo-épidémiques prend dès lors les proportions d'une bataille livrée sur des « fronts sanitaires » par des équipes, des brigades, des groupes mobiles, et constellée de métaphores empruntant au langage de la guerre".*

Une fois encore, il ne comprend pas les méthodes imposées par Lyautey. Une expression comme "*on n'a que les mouches que l'on mérite*" le choque. La "quinisation" méthodique du quartier du Douar Doum à Rabat, bidonville près du Bou Regreg, n'est pour lui qu'une protection des habitants des beaux quartiers à proximité.

Il ne comprend pas les barrages sanitaires à l'entrée des villes qui, systématiquement, orientent les indigonts vers des centres spécialisés où ils sont "*épouillés, rasés.., douchés et frottés au crésyl, vaccinés contre la variole et le typhus. Leurs effets sont passés à l'autoclave, nettoyés au formol ou à l'étuve à vapeur. Puis les « mesquines »* (c'est-à-dire les mendiants) *sont assignés à résidence surveillée dans un asile de nuit connexe et renvoyés en tribu, s'ils ne peuvent justifier d'une activité tangible en ville*". Cette attirance pour les villes que nous connaissons toujours en Afrique[19] mais aussi en France

---

18 Idem, p. 292

19 Je l'ai vécu, à Djibouti, dans les années soixante-dix. Des milliers d'indigents venaient de Somalie et d'Éthiopie faute d'emploi

de nos jours, s'amplifiera au fil des années. Faute de moyens et de volonté, les bidonvilles ont dès les années quarante commencer à prospérer, ils sont maintenant de plus en plus importants et on construit des murs d'enceinte pour les dissimuler.

Cette "*dictature techno-hygièniste pratiquée par le Protectorat*" comme il le dit, finit quand même par porter ses fruits, même si la peste est encore aux portes de Rabat en 1917, même si les indigents continuent de dissimuler les contagieux et de les enterrer sans aucune déclaration aux autorités locales, même si le fatalisme persiste vis-à-vis des grands fléaux comme la peste, la lèpre ou la variole. Ils ne veulent pas, en effet, voir leur douar brûler ou subir les séances obligatoires de vaccination. La population vit un choc de cultures ; les méthodes prises sont celles de l'urgence, la situation sanitaire les impose.

La formule de Lyautey "*Il n'est pas de fait plus solidement établi que le rôle du médecin comme agent de pénétration, d'attirance et de pacification*"[20] devient pour Rivet : "*On prête au grand colonial la formule (sinistre) : Un médecin vaut un bataillon*". La première citation est bien du maréchal, la deuxième est une des multiples versions qui ont fleuri dans la volumineuse bibliographie lyautéenne. La version originale est la suivante : "*Si vous pouvez m'envoyer quatre médecins de plus, je vous renvoie quatre compagnies*", il s'agit d'un télégramme envoyé par Lyautey à Gallieni lors de la conquête de Madagascar[21].

---

dans leur pays ; une enceinte fut alors construite pour endiguer cet afflux et des postes de contrôle furent installés pour les entrées dans cette ville.

20 Voir l'ouvrage du docteur Cruchet *La conquête pacifique du Maroc* (disponible à la bibliothèque de l'École d'Application de l'Infanterie de Montpellier).

21 Et à nouveau citée dans sa conférence d'ouverture de la session des Journées médicales à Bruxelles le 26 juin 1926.

Ainsi Rivet manie le chaud et le froid, reconnaît l'avancée spectaculaire dans le domaine sanitaire[22] que ce soit pour le nombre de consultations (aucun organisme d'État avant notre arrivée mis à part l'hôpital français de Tanger créé en 1864 et le lazaret de Mogador (Essaouira) créé en 1890 et pour lesquels nous n'avons pas de chiffres, un million dès 1917), ou le nombre de médecins, mais rabaisse les méthodes employées au rang d'une action coloniale perverse qui met tout en œuvre pour son seul profit.

Le 21 octobre 1912, le Service de l'Assistance médicale indigène[23] s'étend à 38 formations ; on relève, en 1928, 2 152 256 consultations, plus de 500 000 vaccinations et 720 880 journées d'hospitalisation.

L'ouvrage du médecin-major Millet *Au Maroc, ce que tout officier ou médecin doit savoir*[24], ancien médecin-chef du régiment de marche de spahis Marocains en 1918-1919, décrit parfaitement notre action sanitaire au Maroc : la mentalité des Marocains y est présentée pour faire passer notre type de médecine, ce sont les ficelles du médecin du bled, des ficelles qui s'appliquent à tout,

---

22 On pourra s'en assurer à la vue des quelques bilans qui suivent ce texte. Nombre des Journées d'hospitalisation ; Consultations données dans l'ensemble des formations de la santé publique de 1912 à 1949 ; Vaccinations antivarioliques dans l'ensemble des formations de 1912 à 1949 ; Paludisme. Cas de paludisme traités dans les formations de la santé, de la famille et de la jeunesse de 1914 à 1949- extraits de l'ouvrage *L'œuvre de la France au Maroc de 1912 à 1950* (collectif). Les tableaux présentant le nombre de journées d'hospitalisation, de vaccinations antivarioliques effectuées, de cas de paludisme traités entre 1912 et 1949 traduisent l'action sanitaire de la France au Maroc. L'état d'esprit des médecins militaires a fait "tache d'huile" dans le corps des médecins civils, corps dans lequel se développe dès le début du Protectorat un véritable apostolat.

23 Tous les médecins sont au début des médecins militaires (nombre inconnu) ; en 1913, on compte 25 médecins civils, 20 infirmiers européens et une cinquantaine d'infirmiers indigènes. En 1932, les médecins civils sont 138 pour 49 médecins militaires, le personnel administratif et infirmier européen atteint une centaine de personnes pour 600 infirmiers indigènes.

24 Éditions Charles Lavauzelle, 1921, 104 p., rééd. 2002.

comment par exemple, le médecin militaire participe à la construction de son propre dispensaire, la visite (toutes les catégories de visite sont commentées : celles des hommes, des femmes, des engagés), les tournées à l'extérieure et les séances de vaccinations, le fonctionnement du dispensaire, en colonne, jusqu'aux conseils pour la connaissance des Sénégalais dont un régiment occupera de longues années la garnison de Marrakech.

CONCLUSION

Quel était le niveau d'hygiène avant l'installation du Protectorat ? Un seul exemple, celui du Dr. Mauran, cette description est confirmée dans de nombreux ouvrages du début du XIXe siècle : "*Rien de plus coquet qu'une rue bourgeoise avec ses petits trottoirs larges comme la main, et de chaque côté les longues et hautes maisons d'une blancheur immaculée, sur laquelle ressortent les portes en bois rouge clouté de noir ; mais au bout de la rue, un égout crevé ou un amas d'immondices exhalent une odeur infecte*"[25]. Une remarque toujours d'actualité : vous pouvez être invité dans un véritable palace et voir, à la sortie, le long du mur d'enceinte de cette somptueuse propriété, le même tas d'immondices que personne n'aura pensé à charger dans une camionnette pour l'évacuer vers une décharge publique... lorsqu'elle existe, ou à enfouir !

Pour les maladies endémiques, je n'en citerai que quelques-unes. En premier, la typhoïde, à travers un exemple familial. À peine débarqué au Maroc, en août 1980, mon propre fils attrape la typhoïde en mangeant une grappe de raisins non lavée ou en buvant l'eau d'une bouteille du guide de Volubilis, bouteille utilisée pour faire ressortir les mosaïques romaines. Il n'avait pas deux ans à l'époque et ne pouvait de ce fait être vacciné. En 2002, il y a toujours, chaque été, des cas de choléra dans le Sud du pays et même la lèpre. Les lacs sont tous

25 Docteur Mauran, *La Société marocaine. Études sociales. Impressions et souvenirs,* Paris, Henry Paulin, 1909, 299 p., p. 164.

porteurs de filaires[26] et comme le camping sauvage est en plein développement, on imagine le nombre de jeunes infectés.

Pour terminer sur une note de gaieté qui vous montre à la fois le moral de fer d'un médecin du bled et une idée des effectifs qui étaient à sa charge, voici un extrait de l'ouvrage *Fumées de kif* du docteur Dupuch :

> *Une soirée littéraire était prévue chez le capitaine Jeay, à Djorfna... on envisageait de monter une revue, et la soirée présente devait être le banc d'essai, la répétition générale. Chacun avait participé à l'élaboration d'un sketch « Tout va très bien, mon colonel » calque sur un autre bien connu*[27].
>
> *Le colonel, supposé en congé à Fès, téléphonait au commandant Maury, à Ksarsaï, et était mis au courant d'une cascade de mésaventures, dont la première était l'incident de frontière suscité par le capitaine Jeay en zone espagnole...*
>
> *Chacun devait, ensuite, présenter une sorte de panorama général sur l'activité de son service pendant l'année écoulée, de tableau récapitulatif, sur un mode humoristique, en exposant éventuellement ses desiderata.*
>
> - *À vous, toubib, dit le colonel. Allez-y, on vous écoute.*

Philippe se leva et tira son "*papier*" :

> *Empire Chérifien Ksarsaï, le...*
> *Circonscription du Haut Riff*
> *Cercle de Ksarsaï*
> *Hôpital indigène Ibn Khaldoun*
>
> *Le Médecin Chef*
>
> *Dans ce secteur du Riff, prospère et riche en doums,*

26 Vers parasites des régions chaudes, mince comme des fils, vivant sous la peau ou dans le système lymphatique.

27 La chanson *Tout va très bien Madame la Marquise*.

Le médecin du cercle est chargé de cinq goums,
De trois cents tirailleurs, de cent mille indigènes,
Groupés en cinq tribus, dans les monts et plaines,
Jaya, Sless, Beni M'ka, Boubane, Ouled Kacem,
Sans parler d'un Mellah ni de quelque harem.
Notre voiture, hélas ! qui jadis, fut racée,
Est sur cales, sans pneus, fourbue et harassée,
Et, sous les feux brûlants d'un soleil estival,
Sans trêve, nous devons circuler à cheval,
Par les djebels sans nombre ou les champs d'asphodèles,
Harcelés par des vols bourdonnants d'anophèles.
Du sommet de l'Outka, jusqu'à Kela des Sless,
Nous scrutons chaque langue et chacun des faciès.
Dès que quelque virus se met à l'embuscade,
Nous sautons à cheval, lui portons l'estocade,
L'assiégeons sans relâche, et tendons avec art
Un cordon sanitaire du parcours, fellahs, vierges timides,
Viennent nous quémander quinine ou sulfamides,
Et, sous le vent du Sud qui nous met en péril,
Le cuir de nos arçons est souvent comme un gril.
Bien qu'étant d'une humeur assez peu cavalière,
En selle se poursuit ainsi notre carrière,
Parmi ces flots humains qui déferlent des souks,
Poussant vers leur destin leurs brebis et leurs boucs.
Pour traquer le typhus, la peste et la variole,
La fièvre récurrente ou la grippe espagnole,
Tout bien considéré, voici nos conclusions :

C'est d'un autre moyen qu'il faut que nous usions.
Pour calmer nos esprits, que notre voix s'apaise,
Ce qu'il nous faut, ce sont trois pneus 600 par 16.
L'assistance éclata de rire devant ces conclusions imprévues.
- *Passez-moi votre papier, toubib, s'écria le colonel. Je vais transmettre par la voie hiérarchique, avec la mention "Vu et transmis. Avis très favorable"*[28].

Nous sommes bien, ici, dans notre culture française bien réconfortante où tout finit par une chanson ou par un poème.

ANNEXES

Pour confirmer cette action pacifique de la France, toujours dans notre domaine de la santé militaire, il faut savoir que la France, en 2002, et depuis 1945, entretient au Maroc un Centre d'appareillage dépendant du Service des Anciens Combattants[29]. Ce Centre d'appareillage exerce son activité dans ses locaux de Casablanca mais aussi via une unité mobile composée de deux camions spécialisés ; six tournées sillonnent le Maroc chaque année entre octobre et juin, sur une durée de 8 à 10 jours : Béni Mollal et région du moyen-Atlas, Marrakech et sa région, provinces de Rabat et de Chaouen, région de Fès, région de Meknès enfin région de Taza et d'Oujda[30].

---

[28] *Fumées de Kif. Souvenirs d'un médecin* préface du général de Monsabert par le docteur Henri Dupuch. Albi, Éditions Martinet, 1969, 309 p., pp. 251-252.

[29] 170 000 cartes du Combattant furent attribuées à des ressortissants résidant au Maroc ; en 1993, il y avait encore 32 000 ressortissants du code des Pensions militaires d'Invalidité ou des pensions militaires de retraite (28 000 anciens soldats, 4 000 veuves).

[30] J'ai eu la joie intense de pouvoir suivre une tournée (région de Taza et d'Oujda) en 1996. Un ancien tirailleur marocain, fier et

Sept mille cinq cents handicapés sont suivis par le Centre, tous ne sont pas des anciens soldats de l'armée française puisque des militaires de l'armée marocaine (blessés par les mines dans le Sud-marocain), des civils du service de la Santé Publique et relevant de compagnies marocaines d'assurance se présentent aux camions.

L'âge et les stigmates de ces Anciens Combattants n'ont pas effacé leur noblesse et leur fidélité. La France est généreuse et nous pouvons nous en enorgueillir.

LA SANTÉ PUBLIQUE SOUS LE PROTECTORAT[31]

Organisation

La Direction de la Santé publique, en liaison avec le Makhzen par l'intermédiaire du délégué du grand vizir à la Santé publique, comporte :

a) Division de la santé et de l'Hygiène publique chargée de

- l'organisation sanitaire ;
- l'hospitalisation, les consultations, les traitements ;
- l'hygiène publique urbaine et rurale ;
- des épidémiologies.

b) Division de l'Hygiène sociale chargée de

- Protection maternelle et infantile ;
- Hygiène scolaire ;
- Assistance.

c) Service central de Pharmacie

---

jovial, me montra son poignet sur lequel était tatoué ces mots "La France", pour "merder les Allemands" alors qu'il était prisonnier de guerre !

31 Extrait de *Ce Maroc que nous avons fait* par Jean d'Esme, Paris, Hachette, 1955, 316 p., Appendice III pp. 301-302.

d) Dans chacune des sept régions : un médecin chef de région, chef de services de la santé pour la région, assisté de :

- un médecin chef des services de l'Hygiène ;
- un médecin chef des services médico-sociaux.

e) Dans chaque circonscription sanitaire : un médecin d'État, chef de service.

f) Dans chaque ville : un directeur du bureau d'hygiène pour les services de la ville.

Enseignement médical et recherche

- 132 écoles d'accoucheuses musulmanes ;
- 1 école d'infirmières hospitalières d'État ;
- 2 écoles d'infirmières auxiliaires musulmanes ;
- 1 école d'infirmières israélites ;
- 1 école d'adjoints techniques ;
- 7 écoles régionales d'infirmières ;
- Institut Pasteur à Casablanca ;
- Laboratoire de biologie ;
- Laboratoire de sérologie ;
- Service de la rage ;
- 1 ferme annexe ;
- 1 station expérimentale ;
- 1 Institut d'Hygiène ;
- 1 Société de Médecine et d'Hygiène.

Équipement sanitaire

a) Pour les populations européenne et marocaine

- 151 hôpitaux et infirmeries ;
- 431 formations de consultation ;
- 20 groupes sanitaires mobiles ;
- 5 hôpitaux ophtalmologiques ;
- 17 formations antituberculeuses ;
- 2 hôpitaux neuropsychiatriques ;

- 2 maternités ;
- 1 centre anticancéreux ;
- 9 000 lits d'hôpitaux.

b) Pour la seule population marocaine

- 20 centres de protection maternelle et infantile ;
- 19 "Goutte de lait" ;
- 6 dispensaires pour enfants ;
- 19 orphelinats ;
- 3 "maisons d'enfants" ;
- 4 aériums ;
- 8 garderies.

CHRONOLOGIE DE L'ACTION SANITAIRE DE LA FRANCE AVANT ET AVEC LYAUTEY

1864 : Hôpital français à Tanger.

1890 : Lazaret à Mogador (Essaouira).

16 janvier – 26 mars 1906 : Conférence d'Algésiras.

1911 : Institut Pasteur de Tanger.

30 mars 1912 : Traité de protectorat signé à Fès par le ministre Regnault, au nom du gouvernement de la IIIe République, et par le sultan Moulay Hafid (9 articles).

27 avril 1912 : Lyautey nommé Résident général.

1912 : Réseau d'assistance d'État sous le contrôle du Directeur du service de santé des troupes : infirmeries fixes (par exemple les hôpitaux Mauchamp à Marrakech et Murat à Fès), groupes sanitaires mobiles accompagnant les colonnes, commissions d'hygiène établies dans tous les centres urbains.

1913 : Service de la Santé et de l'Assistance publique : mise en place du premier programme de construction d'hôpitaux et d'infirmeries marocains grâce à des ressources provenant en grande partie d'emprunts métropolitains.

1913 : Institut antirabique.

26 mai 1917 : Sociétés indigènes de Prévoyance.

24 juillet 1920 : Service de la Santé et de l'Hygiène publiques.

La continuité de l'action

1930 : Institut d'Hygiène du Maroc.

1932 : Institut Pasteur de Casablanca, annexe à Marrakech.

1942 : Caisse d'aide sociale (allocations familiales).

1946 : Service de défense sanitaire aux frontières. Grâce à son action, le Maroc fut protégé efficacement contre l'épidémie de choléra qui ravagea l'Égypte en 1947.

Quelques exemples d'emploi des Groupes sanitaires pendant la Pacification du Maroc

Opérations	*Unités du service de santé*	*Nombre d'hommes engagés dans l'opération*	*Tués ou morts par suite de leurs blessures*	*Blessés*
Regg (1ère phase) novembre 1932	1 GS motorisé	5 093	Néant	1 partisan
Sagho février et mars 1933	1 GS motorisé + détachement sanitaire de Bou Denib	10 800	104 dont 8 officiers, 58 Européens, 143 Indigènes	242 dont 7 officiers, 92 Européens, 143 Indigènes
Tagountsa avril 1933	1 GS (n°2)	3 160	Néant	Néant
Taribant juin 1933	1 GS (n°3)	6 911	2 officiers	Néant
Taghia juin 1933	2 GS (nos 3 et 6)	10 892	8 Indigènes dont 6	12 dont 1 officier, 2

Opérations	*Unités du service de santé*	*Nombre d'hommes engagés dans l'opération*	*Tués ou morts par suite de leurs blessures*	*Blessés*
			supplétifs	Européens, 10 Indigènes dont 9 supplétifs
Assif Melloul juillet 1933	2 GS (n os 3 et 6)	8 550	37 dont 1 officier, 4 Européens, 32 Indigènes	48 dont 4 officiers, 19 Européens, 25 Indigènes
Imdghas juillet 1933	2 GS (n os 3 et 6)	8 192	Comptabilisés avec Assif Melloul	Comptabilisés avec Assif Melloul
Ifegh-Kerdous-Baddo Août-septembre 1933	2 GS (n° 3 et 6) 1 ambulance (n° 3) 1 groupe chirurgical	8267	68 dont 4 officiers, 18 Européens, 46 Indigènes dont 11 supplétifs	169

Missions d'évacuations sanitaires effectuées par le 37e Régiment d'aviation au Maroc

Opérations	*Nombre d'évacuations sanitaires par air*
Novembre 1932 à septembre 1933 (Opérations du Regg, de l'Oued Hassia, du Sagho, du Tagountsa, du Taribant, du Raghia, de l'Assiuf melloul, de l'Imdghas, de l'Ifegh-Kerdous-Baddo)	57 dont 19 dans la même journée du 2 mars 1933 et 16 pour la journée du 12 août 1933

BIBLIOGRAPHIE SOMMAIRE

René Cruchet, *La Conquête pacifique du Maroc et du Tafilalet,* préface de M. Th. Steeg, ancien Résident général au Maroc, Paris, Berger-Levrault, 1934, 319 p.

Robert Debré, *L'honneur de vivre*, Paris, Stock-Hermann, 1974.

Docteur Henri Dupuch, *Fumées de kif. Souvenirs d'un médecin,* préface du général de Monsabert, Albi, Éditions Martinet, 1969, 309 p.

J'étais médecin au Maroc, 1942-1958, Paris, France-Empire, 1985, 228 p.

Capitaine Jules Erckmann, *Le Maroc moderne,* Paris, Challamel, 1885, 304 p., 1 carte du Maroc occidental.

Dr. E. Jourdan, *Le rôle du médecin dans la société marocaine,* Masson et Cie, 1913.

Docteur Mauran, *La Société marocaine. Études sociales. Impressions et souvenirs*, Paris, Henry Paulin, 1909, 299 p.

Médecin-Major A.-H., médecin-chef du régiment de marche de spahis marocains Millet, *Au Maroc. Ce que tout Officier ou Médecin doit savoir,* Paris, Lavauzelle, 1921, 104 p.

Articles

Maroc médical : "Lyautey et le Médecin", Casablanca, 1954

Rapport du docteur Murat sur les maladies infectieuses sévissant dans la région de Fès en 1911 cité in *R.C.* n°4, 1912, pp. 168-170

Archives nationales Papiers Lyautey

475 AP 172 Santé publique : organisation médicale et sanitaire du Maroc. 1912-1925

ARCHIVES DU SERVICE HISTORIQUE DE L'ARMÉE DE TERRE (SHAT)

- 3 H 662 Missions aériennes du mois de mars 1934 : 17 blessés et 7 malades en évacuations ont été normalement transportés sur les hôpitaux de l'arrière.

- 3 H 991 Observations relevées à la suite des opérations de 1929-1930 et 1931 sur le front du Moyen-Atlas (Réduction de la Courtine de l'Oued El Abid). Chapitre VI Santé, pp. 19-20-21 A/Service de santé de l'Avant a) Ravitaillement des unités en médicaments ; b) Matériel et personnel des unités ; c) Divers B/ Formations sanitaires a) Groupes sanitaires Médicaments Animaux b) Ambulances d'évacuation Personnel, Matériel, Médicaments c) Sections de ravitaillement

- 6e RTS Principes suivant lesquels les unités du 6e RTS doivent être préparées à la guerre marocaine (Note du colonel Arnaud, du 25 septembre 1932) paragraphe 7 Fonctionnement du service sanitaire

a) Évacuation entre la ligne de feu et le TC de la Cie

b) Évacuation entre le TC de la Cie et le Poste de secours du bataillon

Exercices à exécuter

- 3 H 991 Rapport sur les opérations 1932-1933 n°572-OP/3 du 15 novembre 1933 du Colonel Denis, commandant p.i. les Confins algéro-marocains à Monsieur le général de division commandant supérieur des troupes du Maroc EM – 3e bureau - 3 H 991 Opération de l'Imdghas Juillet 1933 Composition du Groupe d'opérations : ... Service de santé : GS n° 3 – GS n° 6 Ambulances – Groupe chirurgical

NOMBRE DES JOURNÉES D'HOSPITALISATION

1919	384.000
1928	720.000
1938	1.793.000
1946	1.902.000
1949	1.970.000

CONSULTATIONS DONNÉES DANS L'ENSEMBLE DES FORMATIONS DE LA SANTÉ PUBLIQUE DE 1912 A 1949

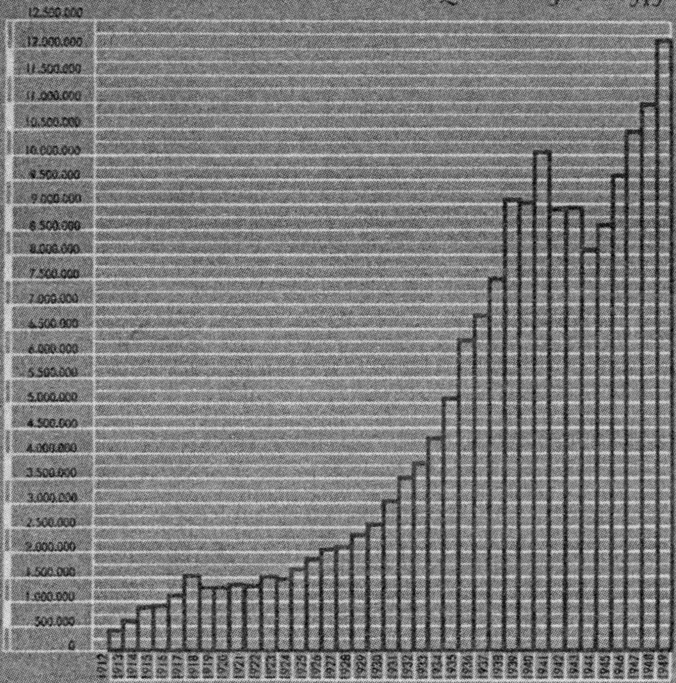

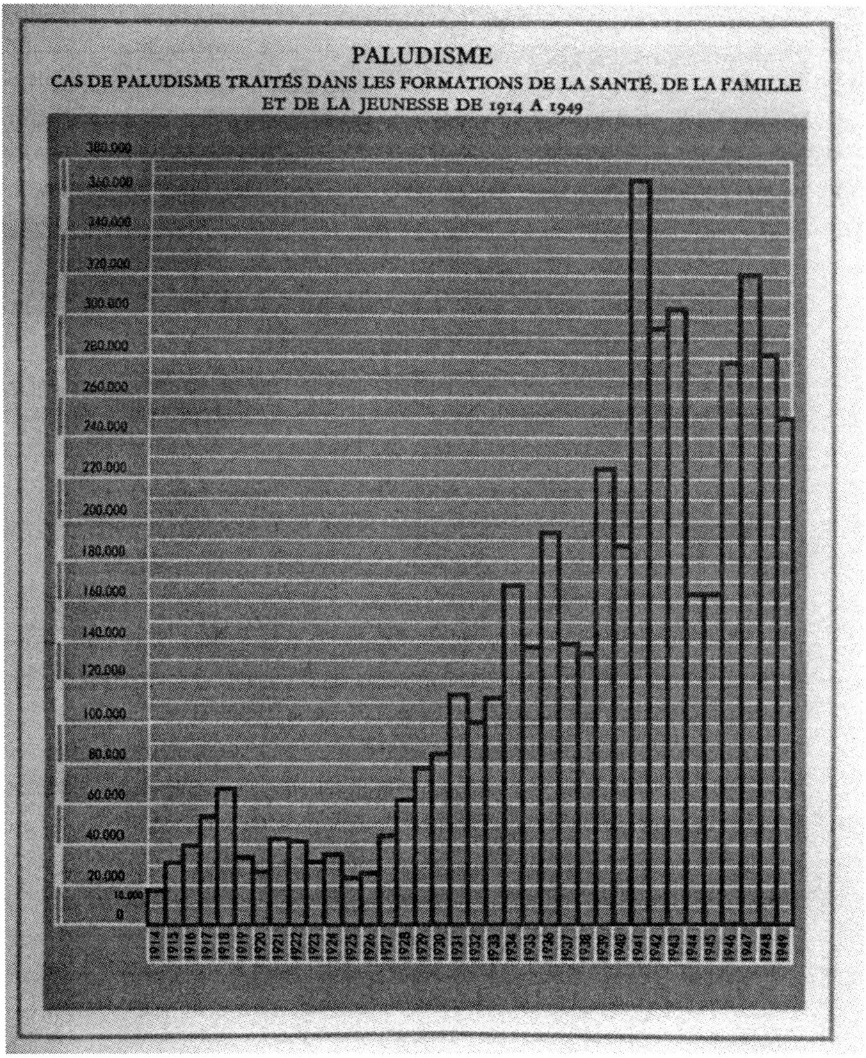
PALUDISME
CAS DE PALUDISME TRAITÉS DANS LES FORMATIONS DE LA SANTÉ, DE LA FAMILLE ET DE LA JEUNESSE DE 1914 A 1949
380.000
360.000
340.000
320.000
300.000
280.000
260.000
240.000
220.000
200.000
180.000
160.000
140.000
120.000
100.000
80.000
60.000
40.000
20.000
10.000
0
1914
1915
1916
1917
1918
1919
1920
1921
1922
1923
1924
1925
1926
1927
1928
1929
1930
1931
1932
1933
1934
1935
1936
1937
1938
1939
1940
1941
1942
1943
1944
1945
1946
1947
1948
1949

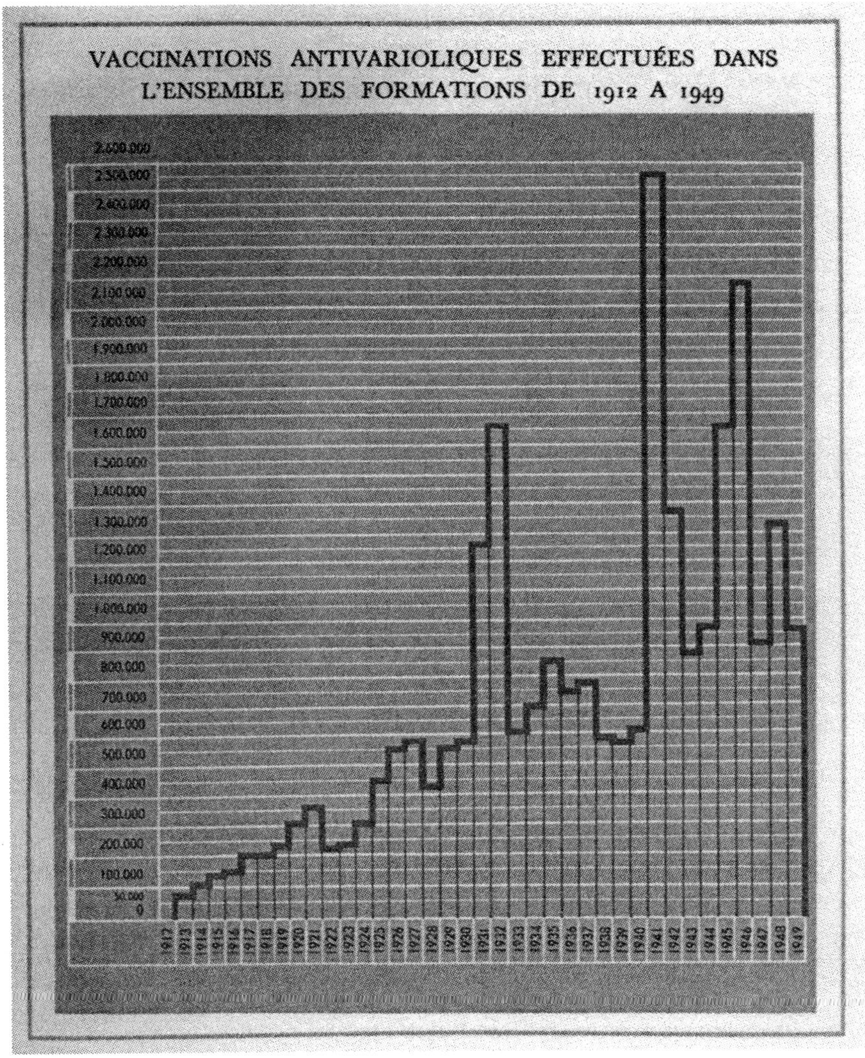
VACCINATIONS ANTIVARIOLIQUES EFFECTUÉES DANS
L'ENSEMBLE DES FORMATIONS DE 1912 A 1949
2.400.000
2.300.000
2.200.000
2.100.000
2.000.000
1.900.000
1.800.000
1.700.000
1.600.000
1.500.000
1.400.000
1.300.000
1.200.000
1.100.000
1.000.000
900.000
800.000
700.000
600.000
500.000
400.000
300.000
200.000
100.000
50.000
0
1912
1913
1914
1915
1916
1917
1918
1919
1920
1921
1922
1923
1924
1925
1926
1927
1928
1929
1930
1931
1932
1933
1934
1935
1936
1937
1938
1939
1940
1941
1942
1943
1944
1945
1946
1947
1948
1949

Un grand blessé, ramené du champ de bataille par une ambulance automobile à chenille, est placé sur un avion sanitaire qui va l'emmener à Fez.

Guerre imaginée, guerre vécue 1914-1918

Sophie DELAPORTE

Il s'agit de montrer ici les mécanismes du processus de mise en confrontation d'un imaginaire de guerre à la guerre vécue, en 1914. C'est à travers le prisme privilégié de la Société de chirurgie qu'il est permis de saisir au mieux les modes et les contenus de cet échange cognitif. En effet, la haute assemblée offre à l'historien une visibilité particulièrement précieuse sur les échanges entre ceux du front, qui envoient des notes ou des contributions à leurs pairs, lesquels, membres de la Société de chirurgie rendent compte, par la lecture d'un rapport, de cette activité devant la haute assemblée.

Ainsi est-il convenu de voir dans cet échange, la confrontation du dedans au dehors, à savoir, de ceux qui se trouvent au dedans, les médecins du front, dont les écrits témoignent du choc de l'expérience nouvelle du champ de bataille, à ceux qui se trouvent en dehors, à l'arrière ou à l'intérieur, et dont les textes ont trait à des rapports et des discussions publiés dans la presse médicale qui trahissent une représentation indirecte de la guerre.

Deux cercles d'écrits se dégagent du discours médical : *un premier cercle* qui se compose des productions écrites des médecins du front et de l'arrière-front, sous la forme de notes, d'articles ou de contributions, lus par ceux de l'arrière, ou publiés dans la presse médicale et *un deuxième cercle* qui repose sur des écrits dont la lecture apparaît beaucoup plus confidentielle : il s'agit notamment des témoignages des médecins de l'extrême-avant, rares mais particulièrement précieux, les journaux des marches et opérations des ambulances chirurgicales et les rapports des responsables de centres dits de "chirurgie générale" à l'intérieur du territoire, sur lesquels étaient évacués les blessés, et dont les rapports sur le fonctionnement de leur formation étaient envoyés de manière mensuelle au Directeur régional du Service de Santé. En fait, seul le premier cercle autorise une confrontation directe.

C'est à partir de la question des blessures aux membres que s'articule notre démonstration. En effet, ce sujet constitue l'un des exemples les plus caractéristiques du phénomène de déréalisation de la pratique chirurgicale du champ de bataille par ceux de l'intérieur et de l'affrontement entre la guerre vécue par ceux de l'avant, dont la violence du champ de bataille a ruiné d'emblée les représentations préalablement édifiées, et l'imaginaire de guerre de ceux de l'intérieur, obligés à un effort de représentations des conditions de pratiques chirurgicales sur le front, qu'autorisent, de manière indirecte, les contributions envoyées par ceux de l'avant.

L'AMPUTATION EN SAUCISSON

La lecture de la communication adressée par les chirurgiens Pauchet et Sourdat devant la Société de Chirurgie le 18 novembre 1914, et publiée le 21 dans les *Bulletins et Mémoires de la Société de chirurgie*, intitulée "L'amputation en saucisson"[1], apparaît comme un événement matriciel dans la question de la prise en charge des blessés aux membres sur le champ de bataille. Bien plus, c'est un coup de tonnerre qui s'abat sur la plus haute institution de chirurgie. En effet, l'amputation dite en saucisson participe d'une remise en cause des techniques

1 Victor Pauchet, Alain Sourdat, "L'amputation en saucisson", *Bulletins et mémoires de la Société de chirurgie*, novembre 1914, pp. 1216-1219.

classiques d'amputation pratiquées en temps de guerre, mais surtout, elle ébranle les principes de conservation énoncés au début du conflit. La lecture de la communication de Pauchet et de Sourdat intervient un mois après la reprise des séances et des publications de la Société de chirurgie. En fait, il s'agit du premier texte écrit par des chirurgiens du front qui se rapporte à cette question.

Un rapporteur expose la méthode préconisée par les deux chirurgiens : l'amputation en saucisson. La communication se situe sur le terrain de la technique chirurgicale proprement dite et de l'attitude à adopter par les chirurgiens situés dans la proximité immédiate du front, auxquels il est donné d'observer et de soigner les atteintes corporelles faites aux membres.

La note adressée par Victor Pauchet et Alain Sourdat constitue l'élément autour duquel s'articule le débat sur l'attitude et les pratiques chirurgicales sur le champ de bataille. Elle représente la pierre angulaire de la première phase du cycle consacré aux blessures des membres et occupe le champ des pratiques chirurgicales en temps de guerre, au moins jusqu'au milieu de l'année 1915. Les mots de l'intitulé de la communication : l'amputation “en saucisson” retiennent immédiatement l'attention. Les auteurs ne justifient pas dans cette première note les termes retenus. En fait, ces considérations n'apparaissent que dans une communication postérieure.

La règle implicite de la présentation d'une technique, telle que Pauchet et Sourdat la soumettent devant la Société de chirurgie, se veut d'abord une contribution nouvelle dans le champ des pratiques du temps de guerre. Mais la démarche envisagée tente également de montrer son opportunité en mettant en exergue ses avantages et sa finalité afin de recueillir une légitimité auprès de leurs pairs.

L'amputation envisagée ici répond à une volonté de conservation. En effet, les auteurs mettent l'accent sur la valeur conservatrice de l'intervention pratiquée : “*Notre but doit être de sauver le plus de blessés possible et de rendre la mutilation minima. C'est ce que réalise l'ampu-*

tation en saucisson"[2]. Les auteurs tentent ainsi d'apporter une justification à l'antinomie entre l'acte d'amputer et celui de conserver, attitude qui se veut plus en conformité avec les conseils énoncés au début de la guerre par les autorités médicales militaires.

En même temps que l'acte d'amputer répond à un souci de conservation des membres, la méthode préconise une rupture avec les principes dominants, comme le précisait Pauchet : "*Je ne vois guère de place dans la chirurgie de l'avant pour les belles méthodes classiques ; mais si nous ne pouvons être brillants, nous avons l'espoir de conserver des membres utiles et la certitude de sauver beaucoup d'existences*"[3]. L'amputation "*en saucisson*" s'érige contre les préceptes imposés à la déclaration de guerre mais aussi de la chirurgie "*classique*" que Pauchet juge inadaptée à la guerre moderne.

Le procédé décrit par ses auteurs consiste à "*sectionner... couper (...) comme avec un couperet*" le membre lésé, "*au-dessous du foyer afin d'utiliser les chairs qui seront des lambeaux*"[4]. S'ils avouent préférer "*ruginer*"[5], c'est-à-dire racler l'os et "*rétracter*"[6] le membre à amputer, c'est par un souci manifeste de préservation de la chair, d'où l'inutilité déclarée de débrider le moignon. L'absence de suture doit favoriser selon eux également une cicatrisation rapide.

Les gestes des chirurgiens apparaissent ainsi "*simples*" et "*brefs*" même si la technique semble requérir une patience certaine de la part de l'opérateur : "*le couteau doit suivre patiemment le contour des plaies qui existent déjà*"[7], "*détacher patiemment les esquilles adhérentes aux tissus utilisables*"[8], précisait Pauchet. Le procédé s'appa-

---

2 Victor Pauchet, Alain Sourdat, art. cit., p. 1218.

3 Victor Pauchet, Alain Sourdat, art. cit., p. 1219.

4 Victor Pauchet, Alain Sourdat, art. cit., p. 1216.

5 Victor Pauchet, Alain Sourdat, art. cit., p. 1217.

6 Victor Pauchet, Alain Sourdat, art. cit., p. 1219.

7 Victor Pauchet, Alain Sourdat, art. cit., p. 1219.

8 Victor Pauchet, Alain Sourdat, art. cit., p. 1219.

rente, d'après les auteurs eux-mêmes, à celui du "*cuisinier*"[9]. La méthode que préconisent Pauchet et Sourdat se présente donc comme un "*procédé préparant*"[10], un "*premier acte*", une "*amputation en deux temps*"[11], une opération pour laquelle "*il faut faire une retouche*"[12]. Si les chirurgiens retiennent ainsi les mots de sécurité, de rapidité, de simplicité et d'économie, surtout, ils insistent sur le fait qu'elle ne peut constituer une "*méthode définitive mais une méthode d'urgence*"[13] qui nécessite une "*seconde intervention*"[14].

La volonté affichée par les auteurs consiste ici à apporter une réponse aux situations d'extrême urgence, d'affluence et d'encombrement de blessés dans les formations avancées, souvent improvisées, surtout au cours des premières semaines de la guerre, auxquelles se trouvait confronté le monde médical de l'avant. Des conditions de pratiques sur le front ignorées par ceux de l'arrière dont les représentations reposent sur l'expérience des guerres de la fin du XIXe siècle et du début du XXe siècle, et qui se trouvent privés de confrontation directe avec la violence de la guerre moderne.

L'INDIGNATION

Les membres de la Société de chirurgie ne tardent pas à exprimer, en décembre 1914, à la suite de la lecture de la communication de Pauchet sur l'amputation en saucisson leur indignation, qui semble d'ailleurs refléter le point de vue de l'ensemble du monde médical. Les chirurgiens qui interviennent dans le débat posent le regard du chirurgien qui œuvre dans les formations situées à l'intérieur du territoire, très en retrait de la

9 Victor Pauchet, Alain Sourdat, art. cit., p. 1216.
10 Victor Pauchet, Alain Sourdat, art. cit., p. 1218.
11 Victor Pauchet, Alain Sourdat, art. cit., p. 1216.
12 Victor Pauchet, Alain Sourdat, art. cit., p. 1218.
13 Victor Pauchet, Alain Sourdat, art. cit., pp. 1217-1218.
14 Victor Pauchet, Alain Sourdat, art. cit., p. 1218.

ligne de feu. C'est le cas notamment de Robert, chirurgien à Bourges, qui ouvre la discussion en affirmant avoir eu *"l'occasion d'examiner quelques-uns des opérés de notre collègue"*[15] ou de Souligoux, chirurgien dans la XIIIe Région (autour de Vichy) qui affirmait : *"j'ai vu ces blessés"*[16].

C'est l'observation des suites opératoires de l'amputation en saucisson qui suscite une prise de parole. Alors que le chirurgien du champ de bataille ne dispose ni de recul ni d'indications sur les suites opératoires des blessés qu'il a opérés ou simplement évacués après pansements, il ne peut par conséquent mesurer la valeur des soins apportés. Il ne voit pas non plus le blessé à la même étape de l'évolution de sa blessure. L'environnement dans lequel les chirurgiens de l'arrière constatent les blessures conforte l'idée de déréalisation, puisque de toute manière, ils prennent en charge le blessé plus tardivement que ceux de l'avant. Les conditions d'observation et de prise en charge des blessés paraissent également plus favorables à l'intérieur avec un risque de mortalité beaucoup plus faible.

Les mots employés par les membres de la Société de chirurgie donnent la mesure de l'indignation : *"je réprouve absolument l'emploi du procédé dit en saucisson"*[17], on trouve encore : *"stupéfaction profonde des médecins traitants"*[18] qui observaient des blessés qui présentaient des moignons dont *"l'os sortait de 7 à 10 centimètres"*[19]. Le procédé de l'amputation en saucisson est comparé par Robert à celui usité par les pirates du Tonkin qui mutilaient les tirailleurs prisonniers. Le chirurgien Routier dénonce cette amputation dite en saucisson qui lui *"paraît brutale, antichirurgicale et monstrueuse"*[20]. Rochard

15 Victor Pauchet, Alain Sourdat, art. cit., p. 1296.

16 Victor Pauchet, Alain Sourdat, art. cit., p. 1299.

17 Victor Pauchet, Alain Sourdat, art. cit., p. 1296.

18 Victor Pauchet, Alain Sourdat, art. cit., p. 1299.

19 Victor Pauchet, Alain Sourdat, art. cit., p. 1296.

20 Victor Pauchet, Alain Sourdat, art. cit., p. 1300.

ajoute au concert de critiques que *"l'amputation en saucisson nous fait revenir à plus de cent ans en arrière, à l'époque où on amputait les membres avec un instrument en forme de serpette"*[21].

La dénomination *"en saucisson"* elle-même entraîne un rejet unanime. Celle-ci soulève l'incompréhension et même, chez certains, la stupéfaction. D'un point de vue strictement médical, les arguments avancés par les membres de la Société se fondent sur les *"résultats défectueux"* qu'ils constatent. Les chirurgiens mettent en avant l'état lamentable du moignon observé chez les amputés de leurs formations, support pourtant indispensable à la prothèse et par là, à la réadaptation du mutilé à la vie civile. Mais les amputés qui parviennent dans les structures sanitaires à l'intérieur du territoire se trouvent déjà dans la phase de consolidation du moignon, donc à une étape tardive du traumatisme. De manière générale, l'inaptitude au port de la prothèse constitue le principal grief invoqué.

Dans l'ensemble, la discussion menée par les chirurgiens vise à abattre un à un les avantages de la méthode décrite par ses précurseurs, notamment l'aspect plus "économique" ou plus "sûr" que les procédés dits classiques. L'argument de la rapidité d'exécution, un atout supplémentaire avancé par les auteurs, est également récusé : *"l'amputation la plus rapide*, affirme Souligoux, *celle qui permet de se débarrasser au plus vite du membre à amputer est une circulaire. On a ainsi un excellent moignon"*[22]. En fait, la rupture préconisée par les deux chirurgiens apparaît comme une provocation pour les membres de la Société de chirurgie, qui s'accordent à ne trouver aucune justification à l'amputation en saucisson.

Au total, l'intervention de Robert, qui s'inscrit en forme de contre-rapport, emporte l'adhésion unanime des membres de la Société de chirurgie à l'encontre de la

21 Victor Pauchet, Alain Sourdat, art. cit., p. 1300.

22 Victor Pauchet, Alain Sourdat, art. cit., p. 1300.

méthode de Pauchet : "*rapport très bien fait*"[23], écrit Routier, "*je suis absolument de l'avis de M. Robert*"[24], "*je m'associe complètement à lui*"[25] reprend Delbet, "*je m'associe pleinement aux conclusions de M. Robert*"[26] martèle Tuffier, "*je suis absolument de l'avis de M. Robert*"[27] indique encore Rochard.

L'unanimité s'est faite dans la haute assemblée contre la méthode de Pauchet.

Mais la démarche engagée par les membres de la Société de chirurgie ne se limite pas à débattre de l'opportunité et de la valeur de l'amputation en saucisson. Elle vise également à éviter la propagation de la méthode chez les chirurgiens du front, même s'il paraît malaisé de mesurer l'étendue de la diffusion ou non de la pratique de l'amputation en saucisson au front.

Quoi qu'il en soit, l'impact décisionnel sur l'ensemble de la communauté médicale de l'action entreprise par les membres de la Société de chirurgie apparaît au terme de la discussion. Les prises de position de ses membres pèsent ici de tout leur poids dans le débat, puisque les critiques formulées à l'encontre des chirurgiens Pauchet et Sourdat aboutissent à une "*enquête chirurgicale*" ordonnée par le ministre de la Guerre, dont dépend encore le Service de Santé (7e Direction).

Mais au-delà de l'enquête, la Direction du Service de santé recours à une sanction inhabituelle en temps de guerre : l'interdiction faite à Pauchet de pratiquer la méthode de l'amputation en saucisson. "*Dès la lecture de notre bulletin*", précisait Tuffier, la Direction du Service de santé, par la voix de Chavasse, "*a protesté vivement contre ce mode d'amputation et a officiellement interdit à M. Pauchet de continuer cette pratique*"[28].

---

23 Victor Pauchet, Alain Sourdat, art. cit., p. 1300.

24 Victor Pauchet, Alain Sourdat, art. cit., p. 1302.

25 Victor Pauchet, Alain Sourdat, art. cit., p. 1301.

26 Victor Pauchet, Alain Sourdat, art. cit., p. 1300.

27 Victor Pauchet, Alain Sourdat, art. cit., p. 1300.

28 Victor Pauchet, Alain Sourdat, art. cit., p. 1302.

L'effroi suscité par l'appellation, le contenu de la méthode ainsi que les séquelles observées a eu pour conséquence une redéfinition du rôle de la Société de chirurgie en temps de guerre : celui d'assurer un *rôle de veille et de sécurité médicales* à l'égard des combattants, comme Tuffier l'a fait valoir : *"la sauvegarde de nos blessés a donc été immédiate"*[29]. *"Il était utile* affirmait encore celui-ci, *que notre Société vînt mettre un terme à ces controverses et condamner nettement cette pratique. Je crois être l'interprète de nos collègues, en adressant à M. Robert nos remerciements pour l'apport de son rapport si documenté qui a permis à chacun de nous, d'apporter l'appui de son autorité aussi bien dans les indications opératoires de la chirurgie des membres que son exécution"*[30].

La présentation indirecte de la note adressée par Pauchet et Sourdat a probablement accrue le décalage et l'incompréhension entre les praticiens expérimentés de l'arrière et ceux de l'avant, très souvent de jeunes médecins voire des étudiants en médecine, qui apportent les premiers soins. Mais la virulence de la condamnation, fondée pour l'essentiel sur les résultats observés par ceux de l'intérieur, a mis en exergue *l'impact décisionnel* dont ils bénéficient sur le champ thérapeutique.

LA RÉHABILITATION

La suite de la discussion n'intervient qu'en avril 1915. Un changement de ton, amorcé précédemment par Quénu, semble se dessiner de manière plus marquée au sein de la Société de chirurgie. Les communications de chirurgiens du front devant cette dernière, comme c'est le cas de Rouvillois, contribuent à modifier l'opinion des membres de l'assemblée. En effet, ces derniers se disent *"frappé*[s], *comme Pauchet et tous les chirurgiens de l'avant, par la gravité des amputations primitives dans*

---

29 Victor Pauchet, Alain Sourdat, art. cit., p. 1302.

30 Victor Pauchet, Alain Sourdat, art. cit., pp. 1302-1303.

les grands délabrements des membres par projectiles de guerre, accompagnés de shock très accusé"[31].

La Société de chirurgie semble s'incliner, devant la mise en confrontation à la réalité et à la brutalité guerrières que ceux du front tentent d'exposer. L'intervention directe de chirurgiens revenus du champ de bataille s'apparente en quelque sorte à une forme de reconnaissance du "*réel*" et de la pratique chirurgicale sur le front qui balaie les principes de conservation établis à l'entrée en guerre. J.-L. Faure, secrétaire général de l'institution, reconnaissait avoir été "*ému et choqué par la forme des critiques faites à l'adresse de leur collègue qui a plus d'expériences de la chirurgie de première ligne que nous tous réunis*"[32].

C'est sur ces mots que Pauchet entame son plaidoyer devant la Société de chirurgie. Il s'agit ici de la première confrontation directe entre le précurseur de l'amputation en saucisson et ses principaux détracteurs. D'emblée, Pauchet évoque le "*malentendu*"[33] sur lequel repose le débat. Celui-ci tient au fait que sa communication a été présentée à distance et de manière indirecte. Qu'il s'agissait aussi de la lecture d'une "*note hâtive et courte qui vous* [avait] *été lue*"[34]. Surtout, il met l'accent sur l'ignorance des membres de la Société de chirurgie sur les "*conditions* [dans lesquelles s]*on ambulance a fonctionné pendant la phase initiale de la campagne*"[35].

En ce sens, il tente de rendre compte dans son exposé des conditions de fonctionnement qui l'ont amené à privilégier ce type d'amputation. On remarque l'utilisation dans le discours de ceux de l'avant du "*nous*" alors que les chirurgiens de l'arrière retiennent le "*je*". Cette distinction souligne un rapport très différent à l'événement : dans le premier cas, il signifie une volonté de mise

31 Victor Pauchet, Alain Sourdat, art. cit., p. 864.
32 Victor Pauchet, Alain Sourdat, art. cit., p. 864.
33 Victor Pauchet, Alain Sourdat, art. cit., p. 864.
34 Victor Pauchet, Alain Sourdat, art. cit., p. 864.
35 Victor Pauchet, Alain Sourdat, art. cit., p. 864.

à distance alors que dans le second, le "*je*" correspond à une tentative d'appropriation de l'événement.

Pauchet s'efforce ici de combler le fossé entre le "*réel*" du champ de bataille et l'inimaginable pour ceux de l'arrière. Il apporte les précisions qui faisaient défaut au texte lu en novembre. Ainsi, il situe dans un premier temps la position de sa formation sur le champ de bataille, concentrée principalement autour des localités de Montmédy, à Montier-en-Der, à Sainte-Menehould, pendant la bataille de la Marne, où "*dans l'intervalle de ces stations, nous menâmes une vie de romanichels traversant des pays où souvent nous étaient signalés des blessés couchés dans des granges, des écoles, etc.*"[36], précise-t-il. L'auteur emploie les mots "*enfer*" et "*horrible*" pour désigner son expérience de la confrontation à la guerre. Une terminologie que l'on retrouve dans les "témoignages" écrits des médecins de l'avant et qui dans tous les cas trahissent la difficulté à décrire avec justesse ce qu'ils ont vu, en particulier les premières "scènes" de l'immédiat après-combat d'août et de septembre 1914. Rappelons que la retraite d'août et la bataille de la Marne, du début septembre 1914 s'avèrent les combats les plus meurtriers de la Première Guerre mondiale.

C'est pourquoi Pauchet insiste sur l'intensité de son "*travail*" de chirurgien. On trouve ainsi dans son discours : "*nous travaillâmes jusqu'à trente-six heures sans arrêt ; or, mes camarades étaient éreintés par cinq ou six semaines de campagne*", "*nous travaillâmes nuit et jour sans repos*", "*nous fonctionnâmes d'une façon intensive*"[37] ou "*nous fonctionnâmes pendant plusieurs semaines à raison de treize heures de travail par jour*"[38]. À côté des verbes d'action "*travaillâmes*" et "*fonctionnâmes*", l'auteur emploie les expressions "*sans arrêt*", "*éreintés*", "*façon intensive*", "*plusieurs semaines*", "*treize heures par jour*" afin de montrer son rapport au temps avec l'idée

---

[36] Victor Pauchet, Alain Sourdat, art. cit., p. 869.

[37] Victor Pauchet, Alain Sourdat, art. cit., p. 869.

[38] Victor Pauchet, Alain Sourdat, art. cit., p. 870.

d'une action discontinue. L'intensité du rythme de son "*travail*" se trouve confortée par l'encombrement de sa formation qu'il qualifie de "*formidable*" et dont il tente de donner la mesure : "*encombrée par des milliers de blessés couchés sur des matelas ou de la paille*"[39], "*d'innombrables blessés graves et infectés*"[40] mais sans y parvenir vraiment.

Devant l'immensité de la tâche, Pauchet essaie de justifier les évacuations précipitées que les chirurgiens de l'arrière lui ont reprochées lors de la première discussion. Ainsi, il explique que "*les nécessités de recevoir des blessés nouveaux nous obligeaient d'évacuer rapidement les opérés..., nécessité d'évacuation immédiate devant l'invasion menaçante, évacuation dont la destination et la durée de parcours nous étaient inconnues*". Selon l'auteur, les conditions de la bataille justifient les évacuations précipitées. Le rapport au temps fait apparaître là aussi l'absence de tout contrôle de l'événement. L'encombrement a ainsi favorisé les évacuations à l'aveugle des blessés, qui interdisaient au chirurgien d'assurer un quelconque suivi médical. Aux difficultés matérielles auxquelles s'est heurtée son ambulance s'ajoutait l'appréhension de la menace ennemie, sentiment totalement ignoré par les chirurgiens de l'arrière.

Sur le contenu de son "*travail*", l'auteur souligne les conditions d'exécution de ses gestes sans rapport avec le "*confort*" des centres de chirurgie de l'intérieur puisque c'est "*avec des instruments émoussés ou ébréchés (flambages successifs) au milieu des mouches et de la poussière, avec les mains couvertes de gants sommairement désinfectés à l'iode, opérant sur les brancards des blessés tout habillés dont les vêtements étaient simplement sectionnés au niveau du membre malade*"[41]. Il en va de même de l'état des blessés, Pauchet le précise dans une note "*couverts d'une croûte cutanée faite de crasse, terre, sang*

39 Victor Pauchet, Alain Sourdat, art. cit., p. 870.

40 Victor Pauchet, Alain Sourdat, art. cit., p. 869.

41 Victor Pauchet, Alain Sourdat, art. cit., p. 869.

et matières"[42]. En fait, seule la mise en place d'une nouvelle ambulance dans le secteur de Pauchet par le service de santé autorisa une certaine amélioration de ses conditions de fonctionnement, au point que les nouvelles conditions pouvaient se rapprocher de celles de l'arrière. Mais pour cela, il fallut attendre le début du mois de novembre 1914.

Dans le second temps de son intervention, Pauchet tente de répondre aux critiques formulées lors de la discussion et d'apporter une légitimité à sa démarche. Il reprend ainsi un à un les arguments énoncés dans la note initiale. Plutôt que de concéder, il renforce ses positions. Si des limites ont été posées par ceux de l'arrière à la pratique du saucisson, Pauchet indique que ce qui est désigné comme une méthode d'exception répond précisément aux conditions "*exceptionnellement graves et difficiles*"[43] de la guerre moderne. En fait, pour son auteur, l'amputation en saucisson s'avère la méthode la plus appropriée qui a permis "*d'obtenir des succès inespérés*"[44].

Dans sa conclusion, Pauchet revient en ces termes sur l'aspect qui a suscité chez les chirurgiens de l'arrière un vif émoi, à savoir l'état des membres amputés : "*si notre ambulance vous a envoyé des blessés aux plaies horribles, elle a, au moins, conscience d'avoir sauvé un grand nombre d'existences, même au prix d'une chirurgie « brutale », « surannée », « sauvage » et « mutilante »*"[45].

Finalement la seule concession qu'accorde Pauchet, et ce n'est pas la moindre, c'est l'abandon du terme retenu initialement d'amputation "*en saucisson*", qu'il qualifie de "*péché de jeunesse*"[46]. En tout cas, il rend compte de l'origine de l'appellation : "*il y a vingt deux ans, j'étais interne, un employé de chemin de fer choqué et exsangue m'arriva avec le pied broyé ; je régularisai à la*

42 Victor Pauchet, Alain Sourdat, art. cit., p. 869.

43 Victor Pauchet, Alain Sourdat, art. cit., p. 865.

44 Victor Pauchet, Alain Sourdat, art. cit., p. 865.

45 Victor Pauchet, Alain Sourdat, art. cit., p. 865.

46 Victor Pauchet, Alain Sourdat, art. cit., p. 874.

scie au ras des tissus sains ; quelques jours plus tard, je rognai le squelette à la pince-gouge et le malade guérit fort bien. Un de mes camarades assistant à l'opération s'écria : « Tu coupes ça comme un saucisson », le mot m'est resté, je vous l'ai servi"[47].

Au terme d'une longue communication, l'amputation en saucisson semble emporter la conviction de la majorité des membres de la Société de chirurgie. J.-L. Faure évoque ainsi "*l'utilité d'une amputation à surface plane, qui permet quelquefois de sauver un blessé qu'une intervention un peu plus complexe aurait achevé*"[48]. D'autres membres affirment que cette "*façon de faire*" revêt une légitimité. Ils reconnaissent jusqu'à la vertu économique et conservatrice de la méthode. L'auteur du concept de l'amputation en saucisson reçoit des félicitations pour "*avoir eu le courge de parler de conservation partielle au milieu des grands sacrifices auxquels nous étions conduits les uns et les autres, de s'être sacrifiés à juste cause*"[49], "*a eu raison de faire*"[50], "*superbe conduite de notre collègue dans des circonstances si graves*"[51], "*je lui ai donné mon entière approbation*"[52]. L'assemblée revient sur les accusations émises en novembre évoquant des "*interprétations abusives, excessives et parfois injustes*"[53] une "*injustice exagérée*"[54], une "*condamnation avec répercussion grave*"[55], une "*atteinte portée à la liberté du chirurgien*"[56]. Au point que Broca s'étonne désormais

---

47 Victor Pauchet, Alain Sourdat, art. cit., p. 873.

48 Jean-Louis Faure, "Compte-rendu des travaux de la Société de chirurgie pendant l'année 1915", Séance annuelle, *Bulletins et mémoires de la Société de chirurgie,* 1916, pp. 191-205, cité p. 193.

49 Victor Pauchet, Alain Sourdat, art. cit., p. 873.

50 Victor Pauchet, Alain Sourdat, art. cit., p. 872.

51 Victor Pauchet, Alain Sourdat, art. cit., p. 968.

52 Victor Pauchet, Alain Sourdat, art. cit., p. 872.

53 Victor Pauchet, Alain Sourdat, art. cit., p. 873.

54 Victor Pauchet, Alain Sourdat, art. cit., p. 871.

55 Victor Pauchet, Alain Sourdat, art. cit., p. 871.

56 Victor Pauchet, Alain Sourdat, art. cit., p. 870.

qu'"*après avoir été couvert d'opprobre notre collègue Pauchet a été couronné de lauriers*"[57].

CONCLUSION

La condamnation puis la réhabilitation de l'amputation en saucisson par les membres de la Société de chirurgie soulignent la distance entre une guerre imaginée par les médecins de l'arrière et une guerre vécue par ceux de l'avant. Le substrat de l'imaginaire de guerre repose en partie sur les *Conseils aux chirurgiens*[58] écrits par Edmond Delorme, dont le texte prononcé devant l'Académie des Sciences le 10 août 1914, a bénéficié d'une diffusion sans précédent pour ce type de littérature. Le mot d'ordre "*conserver*" se retrouve dans les chapitres consacrés aux blessures des membres inférieurs. Ce texte s'inscrit en miroir de l'opinion dominante qui s'appuyait également sur l'expérience des guerres précédentes et sur les pratiques en temps de paix.

Le retour vers l'attitude conservatrice relève d'une combinaison d'événements : la fixation des fronts, avec des belligérants enterrés face à face, l'aménagement de formations sanitaires au plus près du champ de bataille qui favorise la précocité de la prise en charge et par là, constitue une entrave au développement de l'infection des membres et plus particulièrement de la gangrène gazeuse, qui représente environ 60 % des causes d'amputations et la diffusion de l'appareillage à extension du type Delbet, mieux adapté aux fractures des membres en temps de guerre que ceux distribués à l'entrée en guerre par le Service de Santé.

57 Victor Pauchet, Alain Sourdat, art. cit., p. 872.

58 Delorme, "Conseils aux chirurgiens", *La Presse médicale*, 14 août 1914, p. 1.

Finalement, le phénomène de la confrontation d'un imaginaire de guerre à une réalité guerrière ne s'inscrit-il pas dans un mouvement inhérent à la guerre ou au conflit ?

Les mutilés de la Grande Guerre : révolution orthopédique et problèmes fonctionnels

Pierre DARMON / Caroline GILLET

94 000 mutilés ! Tel est l'un des bilans les plus tristes de la Grande Guerre en France. Leur réapprendre la vie pose un écrasant problème collectif, d'autant qu'en 1914 l'orthopédie et les techniques de rééducation fonctionnelle sont encore dans l'enfance. Mais les progrès seront si rapides qu'on peut parler de "révolution". Des jambes articulées, des mains aux doigts mobiles en principe adaptés à toutes les fonctions, à tous les métiers, voient le jour. Résoudre un problème technique ne suffit pourtant pas. Sur le mutilé pèse un double handicap physique et psychologique qui hypothèque sa réinsertion professionnelle. En définitive, seuls les amputés susceptibles de retrouver leur ancien métier retrouveront un réel équilibre.

Avant la Grande Guerre, la société française ne s'était jamais vraiment penchée sur le problème des mutilés, de leur retour à la mobilité et de leur réinsertion sociale. Seuls retenaient l'attention quelques invalides du travail qui, en vertu d'une loi de 1905, recevaient une fois pour toutes de leur patron une certaine somme d'argent en guise de dédommagement.

Dès le début du conflit, la prise en charge collective des mutilés s'impose comme l'un des impératifs sociaux de première urgence. Dans ce nouveau décor, le mutilé est devenu un personnage de premier plan. Témoignage vivant des horreurs de la guerre, il inspire des sentiments mitigés. On l'admire, on le respecte, on lui rend hommage et on le fuit. Car il est aussi un reproche vivant. C'est l'âme en paix qu'on peut vénérer les morts, mais, en présence du mutilé, de l'énormité de la dette qui lui est due et du sacrifice auquel il a consenti pour la sauvegarde d'autrui, les mauvaises consciences se réveillent.

L'afflux des mutilés pose donc un double problème humain et social. Dans les deux cas, la solution passe par le secours d'une bonne prothèse. Elle seule, du moins le croit-on, permettra au mutilé de surmonter son handicap et de se remettre au travail, facteur essentiel de réintégration. Mais le succès de l'opération est tributaire de deux facteurs cardinaux : le moignon doit être modelé dans les règles de l'art et la prothèse fonctionnelle. Or, en 1914, ni la chirurgie ni l'orthopédie ne sont mûres pour une pareille épreuve.

LA CHIRURGIE CONSERVATRICE À L'ÉPREUVE DU FEU

Dans la candeur des premiers jours de guerre, on avait cru que les blessés ne souffriraient que d'égratignures, les armes modernes n'étant pas dangereuses et l'antisepsie ou la sérothérapie venant à leur secours. Ne suffisait-il pas de badigeonner une blessure à la teinture d'iode pour éviter toute complication ? Bien différente s'avère la réalité. Les obus à fragmentation criblent les individus de débris métalliques, entraînant dans les chairs en bouillie des lambeaux de vêtements imprégnés de particules de terre souillées, ouvrant la porte à la gangrène, parfois gazeuse, au tétanos et à toutes sortes d'infections. Or, sur plus de 2 000 000 de blessés, 1 234 000 (60 %) l'ont été par ces redoutables projectiles d'artillerie et près de 700 000 (35 %) par balle. Aussi la nécessité d'amputer à la hâte s'impose-t-elle d'emblée.

Dès le début du conflit, le spectacle inaccoutumé et inattendu d'une multitude de béquillards, de blessés et d'amputés frappe donc les imaginations au point d'inspirer des estimations fantaisistes. Ne parle-t-on pas de 100 000 amputés ? En réalité, ce terrible bilan ne sera même pas atteint en 1918. En 1924, les statistiques officielles estiment à 2 053 000 le nombre des blessés, à 264 000 celui des diminutions fonctionnelles et à 94 000 celui des amputés[1]. Parmi ces derniers, plus de la moitié ont été frappés aux membres inférieurs. Leur proportion s'élève même à 65,7 % au centre d'appareillage de Maison-Blanche. En effet, les blessés atteints aux membres supérieurs peuvent, par leurs propres moyens, se rendre aux postes de secours. À l'inverse, les blessés aux membres inférieurs, dont les plaies ont macéré dans la boue et les immondices, sont une proie rêvée pour la gangrène et la septicémie, ce qui rend l'ablation impérative.

Sur les 63 400 mutilés traités en 1924 dans les différents centres d'appareillage de France, peu nombreux sont les non-appareillables, à l'instar des désarticulés de la hanche ou de l'épaule dont la proportion n'excède pas 3 %. Parmi les amputés des deux membres supérieurs, 34 seulement ont survécu. Il s'agit bien de "miraculés" car le pronostic de l'amputation double est presque toujours mortel en raison de l'énormité du shock et des complications provenant d'autres blessures à la tête, à l'abdomen ou au thorax. Relativement moins critiques, les amputations doubles des membres inférieurs ont sauvé 366 blessés. S'y ajoutent huit mutilés

---

1 Ministère de la Guerre, direction du service de santé, *Etude de statistiques chirurgicales, guerre de 1914-1918, les blessés hospitalisés à l'intérieur du territoire, l'évolution de leur blessure*, 1924, 2 tomes. Le problème des mutilés et de leur réinsertion a été étudié par Jean-François Montes, *(Re) travailler ou le retour du mutilé : une histoire de l'entre-deux-guerres*, Paris, 1991. Antoine Prost évoque aussi la question dans son livre *Les Anciens combattants et la société française*, Paris, Presse de la Fondation des Sciences Politiques, Paris, 1977. Sophie Delaporte s'est plus précisément penchée sur le problème des grands blessés du visage dans *Les Gueule cassées. Les blessés de la face de la Grande Guerre*, Noêsis, 1996.

touchés à la fois au bras et à la jambe. Le total des mutilés multiples s'élève donc à 408 (0,64 % du total)[2].

Les amputés des mains et des poignets sont les plus facilement appareillables et peuvent bénéficier de prothèses fonctionnelles. La difficulté de l'appareillage augmente ensuite avec l'étendue de la portion de membre retranchée et, plus encore, avec le nombre des articulations sacrifiées. Dans la statistique de 1924, on relève 9 058 amputés du bras (14,3 %) et 9 112 amputés de la jambe (14,4 %). Voilà donc près de 29 % des mutilés difficilement appareillables.

L'aptitude du moignon à recevoir une prothèse pose le douloureux problème du protocole opératoire. Sa petite taille est un dramatique sujet de discorde. Les chirurgiens de l'arrière s'en plaignent, la jugeant incompatible avec la pose d'un appareillage fonctionnel. Mais les chirurgiens de l'avant peuvent-ils s'octroyer le luxe, à quelques kilomètres du feu, et dans un milieu où les foyers d'infection pullulent, de pratiquer une chirurgie de précision et d'exposer de vastes lambeaux de chairs vives à l'invasion microbienne ?

En 1914, la chirurgie dite “conservatrice” avait pourtant le vent en poupe. L'amputation n'était considérée que comme un pis-aller qui consacrait l'échec du chirurgien incapable de soigner le membre malade. Une cicatrice peu douloureuse et “belle”, sans adhérences ni rugosités, était alors le principal enjeu. Dans l'introduction de sa thèse, le Dr V. Todoroff retrace en 1915 les grandes tendances de l'époque : les Dr Monprofit, Cadenat ou Courtaylon, éminents spécialistes de la question, s'étaient, lors de la guerre des Balkans, engagés sans détours dans la voie de la conservation à outrance[3]. De même, le Dr Calot, dont les ouvrages faisaient alors

---

2 David Levay, *The History of Orthopaedics, an account of the study and practice of orthopaaedics from the Earliest Times to the Modern Era*, 1990.

3 Dr V. Todoroff, *Considérations sur quelques cas de conservation des membres en chirurgie de guerre*, Paris, thèse de médecine n° 65, année 1914-1915, p. 4.

référence, proclamait-il la supériorité de ce qu'il appelait "*la vraie méthode conservatrice*". Elle reposait sur quelques principes simples : ne jamais enlever les esquilles et les fragments d'os, ne jamais amputer hors cas de gangrène certaine, ne pas intervenir sans attendre au moins une quinzaine de jours, drainer et laver toute plaie suspecte[4].

Une même tendance s'était dégagée du IVe Congrès de la Société internationale de Chirurgie qui s'était tenu à New York quelques mois avant la guerre, du 13 au 16 avril 1914. Le Dr Witzel, de Düsseldorf, y avait rappelé que, "*pour apprécier l'opportunité d'une amputation, il faut être au courant de toutes les ressources de la chirurgie moderne capables de permettre la conservation des membres infectés*". Le Dr Lepage, en se fondant sur l'expérience des guerres de Crimée et des Balkans, avait montré qu'un grand nombre d'amputations pouvaient être épargnées aux blessés et déploré que les ambulances fussent confiées à de jeune praticiens impatients de trancher, reproche qui, durant la Grande Guerre, deviendra monnaie courante parmi les médecins de l'arrière[5].

L'idéal d'une chirurgie conservatrice est balayé par l'épreuve du feu. À l'usage, ses principes s'avèrent désastreux et sa méthode irréaliste. Elle exige de nombreux pansements, des soins assidus, une surveillance constante, un personnel nombreux et un milieu aseptique. Comment répondre à de telles exigences dans la cohue des ambulances de l'avant ? Au milieu des rats, des puces et des myriades de mouches, dans un bouillon de culture où la gangrène se répand comme des traînées de poudre, et en présence d'une plaie qui a souvent barboté dans une boue imprégnée d'immondices et de particules cadavériques, il faut faire vite et renoncer, selon l'expression du Dr Lapeyre, à la "*perspective de ne sauver qu'un membre inutile ou déformé et gênant*".

---

4 Dr F. Calot, *Orthopédie de guerre et physiothérapie*, Paris, Maloine, 1917, p. 62.

5 IVe Congrès de la Société internationale de Chirurgie, *La Presse médicale*, 1914, pp. 394-395.

Au surplus, l'amputation se déroule dans des conditions horrifiques. Même lorsqu'elle est dite "*précoce*", elle ne peut être "*immédiate*". Le blessé doit d'abord être tiré de son état de "*shock*". Quelle que soit la température externe, c'est un être transis de froid qui arrive à l'ambulance. Tous les moyens sont bons pour le réchauffer. Les boules chaudes et les couvertures s'avérant inefficaces, il a fallu mettre au point des appareils à air chaud. Pour le "*remonter*", on lui injecte un stimulant : huile camphrée, strychnine, spartéine, éther, sérum physiologique, adrénaline. Vient ensuite le nettoyage de la plaie au moyen d'un large badigeonnage de teinture d'iode qui déborde le champ opératoire. Serviettes, vieux draps et linges usagés sont mis à contribution[6].

L'opération offre d'autres morceaux de bravoure. Les chirurgiens de l'avant en sont le plus souvent réduits à pratiquer l'"*amputation circulaire à section plane*", euphémisme désignant l'amputation "*en coup de hache*" ou en "*saucisson*". C'est une méthode qui a de quoi révulser les esthètes du bistouri puisqu'il s'agit de découper un membre comme on le ferait d'un morceau de saucisson[7].

Dans leurs fauteuils de la Société de chirurgie, les sociétaires stigmatisent cette pratique médiévale. Le médecin inspecteur Robert la compare au "*procédé utilisé par les pirates du Tonkin pour mutiler, avant de les renvoyer, les tirailleurs qu'ils ont fait prisonniers*". C'est une opération "*brutale, antichirurgicale et monstrueuse*", s'indigne le Dr Routier. Elle nous fait revenir plus de cent ans en arrière, affirme le Dr Rochard, en des temps où "*l'on amputait avec un instrument en forme de serpette*". Pour le Pr. Delbet, "*c'est tout ce qu'on voudra sauf de la chirurgie*"[8].

---

6 Dr A. Buquet, "L'amputation en chirurgie de guerre ", in E. Foisy, *La pratique de la chirurgie de guerre aux armées*, fascicule 3, Paris, 1916.

7 *Ibid.*

8 *Bulletin de la Société de Chirurgie*, n° 16, 4 mai 1915.

Le Dr Paul Sourdat, seul, en souligne les avantages : "*C'est ainsi qu'un cuisinier ferait l'opération. Ce procédé, d'apparence peu chirurgicale, convient aux blessés déprimés par le choc ou l'hémorragie, ainsi qu'aux infectés et infectables. Opération rapide et simple, elle ménage la résistance du patient et des tissus*". La direction du service de santé des armées n'en interdit pas moins cette pratique, mais ses partisans resteront nombreux, surtout près du front où les chirurgiens n'ont pas le choix.

Le réveil de l'amputé est d'autant plus pathétique qu'il ignore parfois sont état et que la douleur est rarement prise en compte. Tout au plus se contente-t-on de lui administrer un demi-centigramme de morphine ou de soulever le moignon à l'aide d'un coussin, ce qui, selon le dr Buquet, procure "*un réel soulagement*". Mais il peut se dire "*rescapé*", toute blessure justifiant l'ablation d'un membre étant fatale dans 90% des cas.

Lorsque les médecins le jugent rétabli, il faut songer à la pose d'un membre artificiel. Or, l'orthopédie, aiguillonnée par l'afflux des mutilés, a multiplié les progrès.

LA RÉVOLUTION ORTHOPÉDIQUE

Le *Larousse médical* de 1921 définit la prothèse en ces termes : "*Du grec pro, au lieu de, et de* tithémi, *je pose. Remplacement par une pièce artificielle d'un organe enlevé ou dissimulation d'une difformité. Prothèse des membres. Elle a acquis depuis la guerre de 1914-1918 une importance considérable en raison du grand nombre d'amputés*".

Retracée par David Levay, l'histoire de la prothèse n'en est pas moins ancienne. On a retrouvé, dans certains tombeaux égyptiens, des momies atteintes de mutilations traumatiques ou congénitales pourvues de membres artificiels. Mais ils n'avaient alors d'autre vocation qu'esthétique. Une cuisse étrusque de bronze et de bois a même été exhumée à Capri en 1858. Elle disparaîtra dans le bombardement de la collection Hunter, au Royal

College of Surgeons, pendant la Seconde Guerre mondiale. L'utilisation de pilons de bois, jadis considérés comme *"les prothèses des paysans et des pauvres"*, se confond elle-même avec les origines de l'histoire[9].

De tout autre facture étaient les prothèses médiévales adaptées aux armures. Parfois fonctionnelles, richement décorées, c'était de lourdes œuvres d'art. L'usage de mains articulées remonte lui-même aux temps anciens. La main de fer allemande d'Alt-Ruppin, avec ses doigts mobiles, a été fabriquée vers 1400. Au XVIe siècle, Götz von Berlichingen utilisait une main identique. Selon le Dr Boureau[10], Ambroise Paré aurait confié à un serrurier nommé Le Petit Lorrain la confection d'un bras qui permit à l'un de ses amputés de retourner au combat et de *"frapper d'estoc et de taille"*. Ces instruments, peu maniables, devaient être actionnés par la main saine. Aussi leur préférait-on le vulgaire crochet en dépit de son aspect repoussant.

Peu nombreuses, les jambes articulées existaient aussi. À titre de curiosité, Boureau cite la prothèse du prince de Hambourg qui, au XVIIIe siècle, se fit construire un membre long d'un mètre, pesant cinq kilos et composé de deux gaines réunies par de la colle et deux chevilles. Il s'agissait d'une pièce unique en son genre, de la plus ancienne prothèse combinant différents matériaux et pourvue d'un mécanisme actionnant un pied.

L'orthopédie proprement dite apparaît au XIXe siècle avec la mise au point d'une grande variété de prothèses fonctionnelles. Le bras de Van Petersen (1844) ou la main de Beaufort (1861) permettent les fonctions les plus complexes : extension, flexion des doigts, opposition du pouce, pronation et supination. Mais ce sont des appareils compliqués, fragiles et d'un coût impressionnant. Comme le remarque Broca en 1870 : *"Ces bras artificiels automobiles ne peuvent acquérir qu'aux dépens de leur solidité les mouvements multiples et délicats qui en font*

---

9 David Levay, *op. cit.*, pp. 479-487.

10 *Bras de travail et mains de travail pour amputés*, Paris, 1916, 42 p.

tout le prix. Ils ne peuvent déployer qu'une force de préhension médiocre, tout-à-fait insuffisante pour le travail des manœuvres".

Malgré tout, ce sont les premières prothèses de travail qui voient le jour : bras agricole de Bonnet, bras pour charpentier et menuisier de Mathieu, crochet de Charrière. Elles sont à l'origine de la révolution orthopédique qui va s'épanouir à la faveur de la Grande Guerre[11].

En 1905, la catalogue de la maison Huclin, intitulé *La Prothèse et l'orthopédie*, permet de se faire une idée des membres artificiels en usage à la vieille de la déflagration. Les matériaux utilisés sont l'acier, le cuir, le bois. Les mécanismes sont simples. Tous les appareils ne permettent pas la pronation et la supination, qui sont les fonctions les plus difficiles à reproduire. Quelques "*appareils ouvriers*" rudimentaires sont proposés, dont le bras Gripouilleau. Les accessoires ajustables sont peu nombreux et coûteux. Il existe des jambes à pied articulé d'un prix de 220 francs - alors que, pour la même mutilation, le pilon en bois ne coûte que 40 francs. La plupart de ces appareils sont mal adaptés au moignon et gênent le patient qui ne les utilise que comme appareils de parade.

En 1914, l'orthopédie n'a donc que peu progressé depuis un siècle. Les premiers amputés de la Grande Guerre sont, pour la plupart, appareillés comme ceux de l'Épopée impériale, voire de la guerre de Trente Ans. Béquilles et pilons à genoux fléchis, qui ankylosent le moignon, entravent la mobilité et figent les positions défectueuses, sont encore les seuls recours. Fournir un moignon bien capitonné, à cicatrice rejetée sur le côté et ne tiraillant pas est l'unique souci des chirurgiens, l'amputé du membre inférieur devant marcher sur son moignon. Pour en arriver là, il est souvent nécessaire de pratiquer de nouvelles amputations en territoire sain destinées à fournir un meilleur point d'appui. En 1918, l'amputation à l'ancienne mode et les appareils obsolètes,

11 *Ibid*, pp. 1-3.

pilons à genoux fléchis et béquilles, ne seront encore que trop répandus.

Si la soudaineté et la brutalité du conflit expliquent de tels archaïsmes, il n'en va pas moins susciter une intense réflexion et une véritable révolution orthopédique. Quels sont les mouvements les plus utiles à l'individu, à son métier, à son genre de vie ? Comment se décomposent-ils ? Comment peut-on les reproduire de façon artificielle avec un minimum d'efforts ? Quels sont les matériaux les mieux adaptés et les plus élégants ?

La prothèse fonctionnelle des membres inférieures pose de redoutables problèmes.

Pour rendre de réels services, elle doit être légère, résistante, mobile, silencieuse et d'une conception permettant la plus grande économie de mouvement. Son poids ne saurait excéder deux à trois kilos. Le cuissard doit s'appliquer au moignon sans provoquer d'irritation. Le matériau résistera à la transpiration et aux intempéries. Le mutilé marchera de façon presque normale, même sur un sol incliné. Une guêtre molletière donnera à l'ensemble la forme du pied et de la jambe...

Les recueils annuels des brevets d'invention pour les années de guerre sont monopolisés par les prothèses, dont certaines bien étranges. En France, les perfectionnements les plus significatifs sont l'œuvre de Jules Amar, professeur au Conservatoire des Arts et Métiers, dont les appareils pour membres inférieurs pèsent moins de deux kilos et répondent à tous les critères de qualité. Mais le *nec plus ultra* reste la prothèse dite "*américaine*", mise au point en France vers le milieu du XIXe siècle et perfectionnée aux États-Unis à la faveur de la guerre de Sécession.

La prothèse américaine est fabriquée avec un bois de saule à fibres serrées après un long séchage. Une feuille de parchemin collée à sa surface amortit les heurts et prévient les fêlures. Le cône d'emboîtement, aisément adaptable au moignon, est lisse et sans danger pour les chairs. Toutes les montures ont été supprimées, les articulations restant les seuls éléments métalliques. L'ensemble, d'une parfaite robustesse, est facile d'entretien. Alors qu'une prothèse française de cuir et d'acier donne des signes d'usure au bout d'un an, la prothèse américaine peut servir trois ans. Le système mobile est encore plus perfectionné. Dans les appareils français, le passage de la flexion à l'extension est produit par le simple lancement en avant du moignon conjugué à la bascule du bassin. Dans les appareils américains, il est facilité par un procédé qui permet la suppression de tout mouvement du bassin[12].

La Fédération nationale des mutilés a porté son choix sur un modèle en cuir articulé qui a été adopté par le ministère de la Guerre. Son cuissard présente l'avantage d'être lacé au moignon en tenant compte de son amaigrissement progressif. Le mutilé l'utilise pendant quatre ou cinq mois, après quoi, il peut acquérir un appareil plus léger, plus résistant et plus confortable : le pilon articulé à cuissard américain, très proche de la jambe américaine, que le Dr Ducroquet présente en termes élogieux :

> *La commande d'un pilon n'est pas toujours agréable au mutilé. Nous avons amélioré cet appareil et créé un modèle qui répond au souci de coquetterie de certains blessés. L'extrémité inférieure du pilon est mobile : elle peut être remplacée à volonté par un pied ; un faux mollet en cuir ou en feutre simule la jambe absente. Le dimanche, le sujet peut mettre le pied. Nous avons appelé ce modèle* "jambe fédération" *parce que nous avons créé cet appareil à la Fédération nationale des mutilés*[13].

Mais, en 1916, seulement quatre établissements français fabriquent ces prothèses américaines. Aussi la plupart des amputés devront-ils longtemps, sinon de façon définitive, se contenter de prothèses françaises

---

12 Dr Ducroquet, "Prothèse de jambe. Etude des appareils américains", *La Presse médicale*, 1916, t. I, pp. 113-117.

13 Dr Ducroquet, "Les pilons américains", *La Presse médicale*, 1916, t. I, pp. 233-237.

avec leur cortège de nuisances : appareils lourds, peu fonctionnels et sujets à déformations, articulations bruyantes et vite faussées, garnissage salissant et capitonnage peu solide. Et pour couronner le tout, les pièces métalliques de ces engins de torture déchirent les vêtements.

Le bon usage des appareils mobiles est lié à deux conditions : l'appareillage précoce et la préparation méthodique du moignon.

L'appareillage précoce s'impose comme une priorité dès le début de la guerre. Les longues immobilisations sur des coussins, les déambulations prolongées sur des béquilles ou le séjour prolongé dans un lit sont dangereux pour l'équilibre physiologique. À l'inverse, la reprise d'une activité physique donne un coup de fouet au moral et à la santé.

La préparation méthodique du moignon est aussi fondamentale. Le moignon de guerre, coupé sur un membre qui peut avoir longtemps suppuré, reste épais des semaines durant. Il faudra donc le façonner par des manœuvres, des massages, de la gymnastique et des opérations de modelage[14].

La prothèse des membres supérieurs soulève des problèmes encore plus délicats.

La marche suppose une succession de mouvements relativement simples et toujours identiques. Les opérations manuelles sont autrement complexes, d'une diversité inouïe et d'une absolue nécessité dans la perspective d'une réinsertion sociale.

C'est donc vers la pince terminale universelle que s'orientent les recherches. Elle devrait pouvoir être utilisée aussi bien par le cultivateur que par l'ébéniste ou le mécanicien et saisir n'importe quel instrument. Mais il faut déchanter, la pince idéale n'existant pas. C'est en définitive la "main-outil" spécialisée qui s'impose comme la plus fonctionnelle. Ainsi s'adaptent à un bras standard

---

14 "Orientation actuelle de la prothèse pour amputés des membres, par Roederer, chef du Centre de prothèse des armées", *Revue moderne de médecine et de chirurgie*, 1918, pp. 21-27 et 101-106.

la main de facteur, de vigneron, de canneur de chaise, de plombier etc.[15].

La révolution orthopédique serait de peu de poids si elle n'était accompagnée d'une révolution dans le domaine de la rééducation fonctionnelle.

LA RÉÉDUCATION FONCTIONNELLE

Il n'est pas rare que les quotidiens assimilent les progrès de l'orthopédie et de la rééducation fonctionnelle à des miracles. Sous le titre "À l'Académie des Sciences, les mutilés retrouvent leur bras", on peut lire dans *L'Echo de Paris* du 14 mars 1916 :

> *Le Dr Laveran a montré comment ce mécanisme, inventé par le professeur Amar, pouvait, par des mouvements du thorax, actionnant un ressort et des fils d'acier, rendre à l'avant bras et aux doigts, absents et remplacés par des doigts en aluminium, presque tous leurs mouvements naturels, même les plus délicats. Des mutilés présentés à l'Académie ont pu jouer du violon, allumer des cigarettes, donner de la monnaie... La main en aluminium présente, avec un gant, un aspect normal. Elle ne pèse que 350 grammes et l'appareil entier 1 000 à 1 100 grammes.*

Le Film du 22 juillet 1916 signale de même :

> *L'agence générale cinématographique met en relief les succès de la prothèse anglaise. Des jambes mécaniques permettent de jouer au football et de monter à bicyclette, même chez les amputés des deux jambes.*

La réalité est-elle aussi idyllique ? On serait tenté de le croire en écoutant le Pr. Jules Amar, directeur du Laboratoire de prothèse militaire et grand spécialiste de

15 "De quelques instruments de travail pour amputés du membre supérieur", *Lyon médical*, 1916, pp. 359-361.

la rééducation des mutilés de guerre. Au cours d'une conférence qui a lieu le 12 janvier 1916 au palais de la Mutualité[16], il divise la procédure en trois périodes : période de rééducation fonctionnelle, application de la prothèse et rééducation professionnelle.

La rééducation fonctionnelle s'effectue en plusieurs temps : *"On s'occupe de l'état moteur du blessé* [...] *Il faut lutter contre les raideurs et les ankyloses et même contre certaines formes de raideurs articulaires, tâcher d'enrayer l'atrophie des muscles, assouplir tendrons et cartilages et stimuler la nutrition, la vitalité cellulaire"*. On prépare ainsi le mutilé à recevoir sa prothèse et à se lancer dans l'apprentissage ou le ré apprentissage d'un métier. Afin de mesurer l'aptitude du patient à l'effort, Jules Amar utilise de nombreux appareils au nom barbare : le chirographe, la poire dynamographique, le cycle ergographique et l'arthrodynamomètre qu'il a lui même inventés. Le cinématographe est aussi un outil précieux pour l'analyse des mouvements des membres valides et des moignons et pour une meilleure connaissance de la physiologie[17].

La rééducation fonctionnelle fait appel à des techniques diverses : massage, électrothérapie, gymnastique pédagogique, mécanothérapie, radiumthérapie, hydrothérapie. Mais ces techniques, dont le bien fondé ne fait d'ailleurs pas l'unanimité dans le monde médical, requièrent un personnel nombreux et spécialisé, ce qui relève de la gageure en temps de mobilisation générale. Circonstance aggravante, nombreux sont les médecins

---

16 Pr. Jules Amar, *La prothèse et le travail des mutilés*, conférence faite le 12 janvier 1916 au palais de la Mutualité au profit des œuvres de Mutilés, Paris, 1916, 22 p.

17 Dr Ducroquet, "Étude cinématographique de la marche chez les sujets amputés de la cuisse ou de la jambe", *Bulletin de l'Académie de Médecine*, 1915, t. LXXIV, p. 322.

incompétents qui se sont improvisés physiothérapeutes[18].

En fait, les masseurs sont si rares qu'il faut les remplacer par des machines. Le Dr Jacques Bertillon, qui a vu fonctionner les robots masseurs du Dr Chantessin, à l'hôpital Saint-Louis, se dit convaincu qu'ils sont plus agréables aux malades que les femmes les plus douces :

> *Il est difficile d'imaginer des êtres plus dociles. Docilité, patience, douceur, ce sont, direz-vous, des vertus humaines, mieux encore, des vertus féminines. Erreur ! les machines Chantassin les possèdent à un point que même une femme, si gracieuse qu'elle soit, n'atteindra que bien rarement*[19].

Associer le malade à sa rééducation par la mécanothérapie est l'un des ingrédients du succès. À cette fin, le Professeur Amar utilise des appareils de mesure de l'effort qui lui permettent de lire ses progrès.

La rééducation des mutilés des membres inférieurs impose des contraintes et des fatigues considérables mais la répétitivité des mouvements et leur simplicité facilite la tâche des physiothérapeutes. On ne saurait en dire autant des mutilés des membres supérieurs, la main étant un organe de haute précision. Dans tous les cas de figure, c'est donc la main intacte qu'il convient d'éduquer. Rien de plus simple lorsqu'un droitier a été amputé de la main gauche. Dans le cas contraire, le mutilé devra se faire gaucher.

La presse quotidienne et les revues médicales ne cessent de célébrer l'aptitude des mutilés à récupérer une grande partie de leur capacité fonctionnelle. Dans la réalité, c'est un itinéraire jonché d'épines qui attend l'amputé.

---

18 Dr A de Marneffe, "La physiothérapie et la gymnastique médicale", *Conférence interalliée pour la rééducation professionnelle*, Paris, 1917, 27 p.

19 Dr Jacques Bertillon, "L'éducation des amputés et invalides", *L'Information,* 3 juin 1917.

CHEMIN DE CROIX

Des obstacles administratifs, physiques et psychologiques entravent la reprise d'une mobilité et d'une activité normales. Se replonger dans la vie, après une longue immobilité, est le premier choc que doit affronter le mutilé.

Au début de la guerre, les médecins, qui ignoraient tout des effets de la physiothérapie, laissaient les mutilés s'enfoncer dans leur inertie. Au fil des mois, en présence de récupérations spectaculaires, on tombe parfois dans l'excès inverse. Certains praticiens n'hésitent pas à brusquer des mutilés ou des blessés encore fragiles, à l'instar du Dr Chevrier qui leur réserve un langage peu académique :

> *Lève donc mieux tes pieds, on croirait que tu as de la glu dessous. Tu peux t'appuyer, tu ne marches pas sur des épingles. Jamais ta promise ne voudra d'un boitillard pareil. Oh ! là là ! tu marches comme une oie grasse. Ne roule pas tant tes fesses. Allons, je vois qu'il te faudra une nourrice. Lève donc la tête, Eugénie te regarde*[20].

L'inadaptation des moignons et de bien des prothèses constitue un deuxième obstacle.

Tous les moignons ne sont pas susceptibles d'actionner une prothèse mobile. Obsédés par l'angoisse justifiée de la septicémie ou de la gangrène, les chirurgiens de l'avant s'obstinent à pratiquer des amputations larges qui ne laissent que peu de place au moignon, au grand dam des orthopédistes.

Quant aux physiothérapeutes, ils se plaignent de recevoir leurs mutilés trop tard, une fois les plaies cicatrisées, les adhérences formées, les ankyloses constituées. Mais les malheureux ont dû attendre plusieurs semaines ou plusieurs mois avant de recevoir leur prothèse.

---

20 Dr Louis Chevrier, *La Presse médicale*, 1917, p. 346.

En principe, tout amputé reçoit de l'État deux prothèses, l'une fonctionnelle, l'autre de parade. Mais les centres d'appareillage surchargés ne distribuent pas toujours les instruments les mieux adaptés. Une note du 6 juillet 1915 adressée par le ministre de la Guerre aux directeurs des services de santé signale que "*des demandes prématurées de remplacement d'appareils de prothèse sont déjà parvenues à l'administration. Elles tendent à prouver que le choix de ces appareils n'est pas toujours effectué à bon escient. Il doit s'inspirer de l'utilité immédiate plutôt que des préférences individuelles*"[21]. De plus, il n'est pas rare que des amputés soient proposés pour la réforme avant d'avoir été dirigés sur les centres d'appareillage, ce qui retarde d'autant la mise en place d'une prothèse et la rééducation[22].

L'État se montre d'ailleurs plutôt chiche en la matière. Alors qu'une excellente prothèse des membres supérieurs de type Amar peut coûter jusqu'à 300 à 400 francs, une note de Justin Godart, sous-secrétaire d'État du service de santé précise, le 30 octobre 1916, qu'un mutilé aura droit à "*un bras de travail, dit de secours, dont le prix ne devra pas dépasser 60 francs*"[23]. Voilà qui explique peut-être la multiplication des réclamations qui ont l'art d'irriter Justin Godart :

> *C'est préjudiciable aux intérêts du Trésor. Il faudra s'assurer que le mutilé n'est pas déjà en possession d'appareils. Cette vérification sera faite par l'examen du livret militaire de l'impétrant*[24].

Parfois, c'est l'entretien de l'appareil qui laisse à désirer. L'amputé, qui accepte difficilement cette "*greffe métallique*", a du mal à comprendre qu'il faille de surcroît

21 ASSA (Archives du Service de santé de l'armée, Paris, Val de grâce), carton 3046.

22 *Ibid.*, note du 10 mai 1917.

23 *Ibid.*, note du 30 octobre 1916.

24 *Ibid.*, note du 30 juillet 1915.

l'entretenir, la nettoyer et veiller sur elle. Dans une circulaire du 15 août 1915, Justin Godart précise :

> *Pour éviter les frottements rugueux qui dévissent les écrous des appareils prothétiques, nous recommandons de huiler tous les jours les articulations. L'huile, tout en rendant le fonctionnement de l'appareil plus doux, plus facile, réduit aussi les causes de l'usure et, par conséquent, les accidents. Chaque appareil est livré avec une petite bouteille d'huile...*[25].

Les prothèses définitives sont d'autant plus mal tolérées qu'il existe des solutions de substitution qui, à tort ou à raison, exercent sur les mutilés un plus grand pouvoir de séduction.

En attendant que le moignon se cicatrise et prenne sa forme définitive, le mutilé des membres inférieurs reçoit un pilon provisoire en carton, qui ne coûte que six francs, et que l'hôpital 69 de la rue Lauriston distribue gratuitement. Ce pilon, qui peut servir jusqu'à deux ans, est si confortable que les mutilés, qui le surnomment "*la pantoufle du blessé*", le préfèrent à la prothèse métallique et de bois d'un contact plus barbare[26].

Une bonne paire de béquilles peut exercer un attrait identique. Dans un premier temps, le mutilé s'y adapte si bien qu'il ne peut bientôt plus s'en passer. Lorsqu'il reçoit une jambe en bois ou un classique pilon, il les trouve désagréables, ne s'en servira qu'à contre-cœur, cherchant plutôt un point d'appui sous ses aisselles. Mais les béquilles favorisent les attitudes vicieuses des membres et de la colonne vertébrale et surtout, elles sont incompatibles avec la reprise d'un travail où s'impose la nécessité de se tenir parfois debout. En plus de la dystrophie du membre qu'elles finissent par entraîner, elles favorisent, chez certains sujets, l'apparition de phénomènes

---

25 *Ibid.*, note du 15 août 1915.

26 "La pantoufle du blessé", *Le Figaro,* 13 février 1918.

suggestifs comme la peur des mouvements ou le manque de confiance en soi[27].

Ce rejet de la prothèse moderne a trouvé son expression littéraire dans *La Main coupée*, de Blaise Cendrars, récit autobiographique d'un ancien engagé volontaire :

> - *Dis donc, Chaude-Pisse, tu n'as pas de pilon ?*
> - *J'ai même une jambe américaine, mais je ne la mets que le dimanche pour aller au cinéma. J'ai laissé mon pilon dans la voiture, mon moignon me fait mal.*
> - *C'est comme moi, tu vois, ma manche est vide. Je ne supporte pas d'appareils, mon moignon me fait mal.*

L'un des personnages de Cendrars ira même jusqu'à porter sa jambe au clou afin d'offrir un festin à ses amis. Et ces cas d'abandon de membres artificiels sont loin d'être rares. Des mutilés en viennent même par ôter leur prothèse durant les heures de travail, ce qui n'entame pas leur rendement. Le Dr Hirchfeld le déplore en soulignant qu'une telle habitude engendre des attitudes vicieuses, une hypertrophie de certains muscles et une atrophie des autres[28].

Et voilà le comble ! Les orthopédistes ont mis au point une main mobile à doigts "*auto-moteurs*" d'une grande ingéniosité. Mais elle permet seulement de soulever un chapeau ou un verre sans être adaptée au travail artisanal. Aussi le Dr Roederer, chef du Centre des prothèses aux armées, signale-t-il que, dans une usine où l'on fabrique ces mains, les ouvriers mutilés, qui sont censés s'en servir, ne la portent qu'au moment des visites.

---

27 Article "Béquille et Béquillards", *Le Larousse Médical de la guerre*, 1918, p. 48.

28 Dr G. Hirschfeld, *Une école de rééducation professionnelle de grands blessés de guerre* : Tourvielle, 1917, p. 3.

Il existe d'ailleurs une forme d'adaptation spontanée au handicap qui peut exercer une sérieuse concurrence à la prothèse. Livré à lui même, le blessé ou le mutilé substitue l'usage d'un autre nerf, d'un autre muscle, d'une autre articulation à la partie lésée. Selon certains médecins, cette forme de compensation condamne à l'ankylose définitive une partie de membre qui aurait pu conserver une certaine flexibilité. Pour d'autres, il s'agit-là d'un mode naturel d'adaptation qu'il faut se garder de contrarier. En 1916, le Dr Charles Julliard publie un livre, *L'Accoutumance aux mutilations*, où il montre que la productivité du sujet n'en est pas amoindrie. À l'appui de ses dires, il cite le cas d'un chasseur alpin de 30 ans, blessé en août 1914, fait prisonnier et amputé de la jambe gauche par les Allemands. Rapatrié en mars 1915, il reçoit un pilon en mai. Un mois plus tard il peut de nouveau accomplir tous les travaux des champs, monter à cheval et grimper aux arbres avec l'agilité d'une personne normale[29].

À l'inverse, nombreux sont les handicaps psychologiques qui paralysent la rééducation fonctionnelle. Le professeur Lacassagne distingue trois types de mutilés : ceux qui veulent guérir, ceux qui doutent de leur guérison, ceux qui ne veulent pas guérir, ces derniers étant les plus nombreux. Car, pour couronner le tout, une triste légende se forge. Le mutilé aurait contracté des habitudes de paresse à la faveur d'un long repos et de la sollicitude des infirmières. Coupable de son inertie, il serait même aigri et peu soucieux de rééducation fonctionnelle. Un rapport non daté adressé au ministre de la Guerre le décrit comme un insatisfait chronique livré aux idéaux révolutionnaires :

> *Ce serait une erreur de croire que tous les invalides accepteront sans discussion de profiter des organismes créés en vue de leur faciliter la reprise du travail. Déjà le syndicalisme révolutionnaire cherche à s'infiltrer dans ces esprits désorientés où il trouve un terrain*

29 Dr Julliard, *L'Accoutumance aux mutilations*, p. 3.

> *favorable. À la question que se posent les mutilés : « Que vais-je devenir ? » il répond : « Fais valoir tes droits, l'État te doit tout », ouvrant ainsi la voie à la révolte*[30].

Constatant que la proportion de mutilés rééduqués et actifs est infime, *Le Temps* du 21 juillet 1916 en arrive à la même conclusion :

> *Des conseillers lui ont dit « On te doit tout, Ne fais rien ». Il n'arrive pas à se persuader que sa pension ne sera pas diminuée s'il travaille. Il est resté longtemps oisif, ce qui a pu le persuader qu'il ne pourrait rien faire.*

Le tableau brossé par le Dr Roederer dans la *Revue moderne de médecine et de chirurgie* est encore plus sombre :

> *La psychologie du mutilé est faite trop souvent d'insouciance et de lassitude, et, hélas ! parfois d'aigreur et de ressentiment. Son jugement a perdu l'habitude de l'effort. Il ne tient pas à prévoir, cherche peu à penser. Débilité par les émotions, les fatigues, dorloté dans les formations sanitaires, glorifié par la presse, choyé par l'opinion, entretenu par l'affectueuse assistance de sa famille, le mutilé a été amené à une conception assez puérile de l'avenir qui l'attend. Sacrifié à la collectivité, il demeure non seulement convaincu que la collectivité a, vis-à-vis de lui, des obligations considérables, ce qui serait exact, mais il s'est plu à donner à ces obligations une extension indéfinie. Il s'est trompé aussi sur la possibilité qu'a la collectivité de le satisfaire*[31].

---

30 ASSA, carton 3046.

31 "Une nouvelle question sociale : les mutilés", *Revue moderne de médecine et de chirurgie*, avril-mai 1917, pp. 104-106.

Les mutilés seraient en outre encouragés dans leur inertie par la crainte de perdre les avantages de leur pension. Rien de plus légitime, hélas ! L'attitude écœurante de certains patrons n'encourage guère à la rééducation fonctionnelle. Cherchant à s'enrichir aux dépens des mutilés et de l'État, ils n'hésitent pas réduire le salaire de leurs ouvriers mutilés en proportion de leur handicap et à en défalquer le montant de leur pension. Selon *l'Éclair* du 22 août 1918, pareille iniquité *"n'est que trop souvent commise par de très grosses maisons"*. Le directeur d'une grande entreprise industrielle travaillant pour le compte de la Défense nationale poussera même l'audace au point d'écrire à son ministre :

> *Le salaire des ouvriers mutilés de guerre serait calculé de telle façon qu'il devrait être toujours inférieur à celui des ouvriers valides, le total de la pension et des salaires ne pourrait dépasser le total des salaires perçus par les ouvriers valides*[32].

RÉINSERTION PROFESSIONNELLE : UN BILAN

En dépit des limites de la révolution orthopédique et de la rééducation fonctionnelle des mutilés, peut-on dresser un bilan de l'effort accompli ?

Orthopédistes et physiothérapeutes sont d'accord sur un point : une bonne prothèse et une bonne rééducation fonctionnelle resteront toujours insuffisantes sans de sérieuses motivations professionnelles. Remettre les mutilés au travail est un impératif humain, certes, mais aussi économique. Dans une France qui vient de perdre 1 400 000 hommes dans la force de l'âge, où la nécessité d'importer une main d'œuvre étrangère se profile à l'horizon, toutes les énergies doivent être mobilisées. Au demeurant, l'État s'avère incapable de subvenir à tous les besoins des mutilés. D'où l'importance des centres de rééducation fonctionnelle par le travail.

---

32 Cité dans *L'Homme enchaîné* du 10 juillet 1917.

Le premier d'entre eux est fondé par le sénateur maire de Lyon, Edouard Herriot, qui transforme un immeuble municipal en atelier pour handicapés où, dès le 15 décembre 1914, sont admis les trois premiers mutilés. Le choix de la profession est libre, les essais dans divers secteurs sont autorisés, le métier d'origine n'interfère par sur la nouvelle orientation : des cultivateurs se font maçons, cordonniers, ébénistes. Un instituteur est chargé d'instruire les illettrés et de parfaire l'instruction des autres. Le régime de l'école est celui de la caserne : lever, 7 heures ; coucher : 21 heures ; durée du travail : huit heures. Les sorties ont lieu en groupe, le dimanche, sous la surveillance d'un gradé[33].

En août 1916, il existe en France 53 établissements destinés à la rééducation des mutilés ; 21 pour l'enseignement agricole, 32 pour l'enseignement des métiers de l'industrie et du commerce[34].

Certaines statistiques brillent par leur optimisme. C'est ainsi que le Dr Gourdon a observé 5014 mutilés et estropiés. 73 % d'entre eux ont pu reprendre leur métier avec ou sans prothèse. 27 % ont eu recours à la rééducation fonctionnelle. Mais chez tous les handicapés, on constate une lassitude rapide et une propension au découragement. Dans l'ensemble, ce sont les travaux agricoles qui leur conviennent le mieux, mais tous n'y sont pas candidats. Comment, par exemple, demander à un pianiste ou à un horloger de se faire cultivateur ?[35]

En fait, cette statistique ne prend en compte que les mutilés susceptibles de rééducation, le nombre des invalides à 70 % ou 100 % destinés à croupir dans leur famille ou à l'asile restant dans l'ombre. Parmi eux, les grands infirmes par lésion des centres nerveux, hémiplégiques

---

33 "La rééducation professionnelle et la réadaptation au travail des estropiés et des mutilés de guerre", *Bulletin de l'Académie de médecine*, communication du 20 avril 1916, I, pp. 458-463.

34 *Bulletin du ministère du Travail et de la Prévoyance sociale*, août 1916, p. 298.

35 "La reprise du travail par les amputés et estropiés de guerre", *Bulletin de l'Académie de médecine*, 1918, I, p. 469-471.

ou paraplégiques, inspirent une indicible compassion. Dans les services de neurologie qui les hébergent, aucun matériel spécialisé n'est mis à leur disposition : lits à poulie, à sangle, matelas à air ou à eau, fauteuils roulants... Une seule infirmière ne peut s'occuper que de quatre malades, et encore des infirmiers et des femmes de ménage sont-ils nécessaires pour les gros ouvrages. Gangrenés par les escarres, tenaillés par des troubles du transit intestinal, gagnés par l'œdème des membres inférieurs, ils sont soignés par la seule héliothérapie (exposition au soleil). Certains d'entre eux font tout de même l'objet de tentatives de rééducation, mais le Dr Jean Camus souligne la difficulté de la tâche :

> *Ils ont partout été choyés. On leur a dit qu'on ne les abandonnerait jamais. Il ne faut donc pas s'arrêter au premier refus de travail de leur part mais il est de toute nécessité de ne leur proposer qu'à bon escient une rééducation professionnelle. Un échec aura une conséquence déplorable sur ses camarades, une réussite leur remontera le moral.*

Détail tragique, le Dr Camus remarque :

> *Un paraplégique par lésion de la queue de cheval s'améliore fonctionnellement au point de pouvoir s'asseoir dans un fauteuil ou circuler avec des béquilles. Il est souvent plus valide qu'un amputé des deux jambes*[36].

En définitive, c'est dans le monde agricole, d'où sont exclus les travaux de précision, que sont enregistrées les plus brillantes performances en matière de réinsertion professionnelle. Parmi les mutilés examinés au Centre de Bordeaux, le pourcentage d'agriculteurs s'élève à 62 %. Le retour à la terre concerne tous les paysans susceptibles de porter une prothèse agricole, 85 % des propriétaires et des fermiers, et 48 % des "*cultivateurs domes-*

---

36 Médecin major Jean Camus, "Rééducation des grands infirmes", *Paris médical*, 1917, p. 1 *sqq*.

tiques. Les agriculteurs amputés de la main ou du bras ont un rendement normal. Celui d'un amputé de la main ou de l'avant bras varie de 75 à 85 %. Il est de 40 % à 50 % chez les désarticulés de l'épaule[37].

Mais quelle que soit la prothèse ou la méthode de rééducation fonctionnelle, tous les témoignages indiquent que les mutilés reprennent, avec une dextérité parfois surprenante, leur ancien métier lorsque la nature de leur mutilation le permet. Dans le cas contraire, il faut envisager une reconversion rarement couronnée de succès. Et comment s'en étonner lorsqu'on sait que les acquis ne sont pas interchangeables et que les capacités d'apprentissage diminuent avec l'âge, le phénomène se manifestant déjà au sortir de l'adolescence. Dès lors, comment demander à un amputé de se montrer plus adroit que n'importe quel homme sain ? Les laissés pour compte, les aigris, les paresseux ne seraient donc pas les mutilés qui ont été choyés par les infirmières ou les dames patronnesses mais les déracinés de la vie professionnelle.

On a incriminé le caractère spontané des créations d'écoles de rééducation et la désorganisation d'un mouvement orchestré par des chapelets d'associations charitables dominées par les hautes statures d'Edouard Herriot et de Maurice Barrès. Jean-François Montès a montré que 300 établissements furent ainsi créés et que seulement 10 % des mutilés les ont intégrés[38]. Mais qu'attendre d'établissements aussi inutiles aux mutilés capables de reprendre leur ancienne activité qu'aux malchanceux condamnés à une reconversion douteuse ? Et comment demander à des déshérités de se plier en pure perte à une discipline militaire ou d'essuyer les réprimandes paternelles de médecins leur reprochant de hanter le zinc ?

Qui peut bien être responsable de l'échec, au moins relatif, de la révolution orthopédique ou des écoles de rééducation sinon la nature même de l'amputation ? Les

---

37 Dr Gourdon, *Paris médical*, 1917, p. 460.

38 J.-F. Montès, *op. cit.*, p. 14.

mutilés susceptibles de réintégrer leur métier de toujours ont pu retrouver une vie digne d'être vécue et le bonheur. Pour les autres, pour les déracinés du travail, les lendemains de la guerre n'ont cessé de déchanter. La crise de reconversion de 1920 a entraîné la mise à pied des mutilés employés dans les industries de guerre. Les autres industries n'en employaient guère plus de 1 500. La crise de 1929 leur sera fatale. Finalement, seule une poignée de rescapés trouveront refuge dans les "*emplois réservés*". On les a vus, en képi, jusqu'en 1950 ou 1960, claudiquer dans les jardins publics ou les musées.

Place de l'évacuation par voie aérienne dans l'évolution et le concept du soutien du Service de Santé des Armées

Médecin général inspecteur (cr) Michel LARIVE

La chute du mur de Berlin a marqué la fin de la menace d'affrontements entre l'Est et l'Ouest tels que l'on pouvait les concevoir auparavant. Mais un nouveau contexte géostratégique est né avec la guerre du Golfe. Les foyers de tension se sont dès lors multipliés, pour la plupart d'origine ethnique, religieuse, ou de civilisation, nécessitant un nombre croissant d'interventions militaires. Les forces françaises ont été et continuent d'être engagées simultanément sur de nombreux théâtres d'opérations extérieures. L'actualité nous montre qu'en la matière, les choses ne sont pas prêtes de s'arrêter.

Comme par le passé, le recours à la voie aérienne s'est imposé sur le terrain pour le ramassage des blessés. Celui-ci est devenu la règle, en raison de l'éloignement des différents théâtres, pour les évacuations des blessés vers les hôpitaux français.

Cela n'a pas toujours été facile, et le concept, à présent bien codifié, de notre mode d'intervention et de soutien sanitaire est le fruit des expériences passées, de la collaboration de différents acteurs, et bien évidemment de l'évolution des moyens aériens.

HISTORIQUE

L'aviation sanitaire prend naissance pendant la Première Guerre mondiale en novembre 1915 durant la retraite de Serbie. En 1917, le docteur Chassaing transforme un avion de combat en version sanitaire, mais il reste incompris. Par contre, Lyautey en saisit tout l'intérêt outre-mer en raison de l'absence de réseau routier fiable et une soixantaine de Breguet 14 sont envoyés au Maroc. À la fin de la guerre l'idée d'un avion chargé du transport d'une équipe chirurgicale et de son matériel, *l'Aérochir*, voit le jour mais n'a aucune application pratique !

L'aviation sanitaire en France naquit réellement à Cazaux avec Robert Picqué (qui devait trouver la mort en 1927 au cours d'une de ses évacuations). Elle connaît ensuite un développement important. En effet, 6 381 blessés et malades seront évacués en AFN et au Proche-Orient de 1918 à 1936.

Au cours de la Seconde Guerre mondiale, les évacuations par voie aériennes (EVASAN) furent peu nombreuses pendant la campagne de 39-40. Le Potez 29 puis le Goéland permettaient de transporter un et quatre blessés.

Confrontés aux distances, les Américains développèrent largement un système d'évacuations intercontinentales. À partir de 1942, environ 1 400 000 blessés furent ainsi transportés et convoyés par des "*flight nurses*".

À la fin de la guerre, l'armée de l'air française crée le Groupement des moyens militaires de transport aérien (GMMTA, qui deviendra plus tard le COTAM et actuellement la FAP, Force aérienne de projection) pour rapatrier les prisonniers et transporter la 1re Armée. La fonction transport va perdurer pendant la période qui suivit, mais les EVASAN furent peu nombreuses, l'avion étant toujours considéré comme dangereux du fait des effets nocifs du vol et surtout de l'altitude.

Durant la guerre d'Indochine, l'aéromobilité du service de santé va réaliser des prouesses, puisque 75 000 blessés seront évacués dans des conditions extrêmement difficiles liées à la nature du terrain, la rareté des pistes, l'absence de pressurisation des avions et les débuts des techniques de réanimation.

L'hélicoptère fut alors un atout majeur dans ces conditions comme le démontre en 1950 le médecin capitaine Valérie André, en permettant de raccourcir les délais entre la blessure et l'intervention chirurgicale. Le Hiller 360 ne comportant que deux nacelles extérieures, les soins pendant le vol étaient impossibles. Puis le Sikorsky porteur de la croix rouge apparut dans le conflit, permettant l'évacuation de plusieurs blessés en cabine. Pour ces EVASAN primaires[1], il faut encore citer l'avion de liaison M 500 Criquet.

Jusqu'à la chute du camp de Dien Bien Phu, ce sont les DC3 Dakota, avec à leur bord les médecins et les convoyeuses de l'air, qui assureront l'évacuation des nombreux blessés.

En 1955, l'action conjointe des Américains et des Français permet l'évacuation de 500 blessés de Saïgon vers Paris via le Japon, Manille et les États-Unis. Il s'agit là de la première EVASAN de cette importance de l'histoire sur une distance de 24 000 kilomètres.

Mais toutes ces évacuations ne pouvaient se faire qu'en fonction de la disponibilité des rares moyens aériens.

Au cours de la guerre d'Algérie ces moyens, plus importants, permettront de franchir une étape supplémentaire en favorisant la régulation de la plupart des missions, donnant ainsi l'espérance à chacun des combattants d'être secouru et hospitalisé rapidement puis d'être évacué éventuellement vers la France. En 1957, est créé le Centre de transit sanitaire aérien (CTSA) sur l'aéro-

---

1 Schématiquement on parle d'évacuation sanitaire aérienne primaire lors de l'évacuation entre la blessure et la première structure de traitement et de secondaire pour celle se situant entre deux milieux hospitaliers. En cas de pertes massives, les blessés font l'objet d'un triage selon la gravité des lésions en extrême urgence et première urgence dont les délais opératoires n'excèdent pas 6 heures puis deuxième et troisième urgence pouvant attendre jusqu'à 18 heures.

port d'Alger, qui devient ainsi le premier centre de régulation d'évacuation. La régulation se révèle cependant être plus une adaptation à l'évolution de la situation opérationnelle qu'une planification dans le temps. 113 000 blessés ou malades seront évacués au cours de ce conflit.

Le CTSA préfigure les structures futures. En effet, placé en relais, il avait pour rôle la réalisation des EVASAN en Algérie et vers la France, mais aussi la mise en condition et le transfert des patients vers les hôpitaux d'Alger.

Durant la période 1970-1990, ces expériences militaires de terrain, alliées à la collaboration étroite de services civils, vont conduire à la médicalisation des transports en même temps que se développe la médecine d'urgence. Le premier SAMU sera créé. Parallèlement, les techniques aéronautiques, en particulier la pressurisation des appareils, la miniaturisation du matériel médical, vont permettre de réduire très sensiblement les contre-indications au vol. L'armée de l'air met alors à la disposition du service de santé le Nord 262 puis le Mystère 20 pour effectuer les EVASAN individuelles et le Transall C160 en version sanitaire pour intervenir sur de nombreux sites. En 1970, cet appareil traversera pour la première fois l'Atlantique pour une mission purement humanitaire lors du tremblement de terre du Pérou. L'EMIR (élément médical d'intervention rapide), structure médico-chirurgicale modulable du Service de santé des armées, est mis en œuvre également pour la première fois à cette occasion.

Au cours de cette même période, l'hypothèse d'un engagement majeur en Europe reste envisagée pour devenir moins crédible après la chute du mur de Berlin. Toutefois, en 1988-89, le soutien sanitaire est toujours calqué sur le concept antérieur qui consiste à évacuer à partir d'hôpitaux de campagne relativement lourds les blessés vers l'arrière à bord de véhicules ou de trains équipés en version sanitaire. La voie aérienne est prévue, mais le peu de moyens disponibles ne permet pas d'envisager un rapatriement lointain de nos blessés, surtout si leur nombre est conséquent. Or, les augures prévoyaient un conflit court mais intense entraînant plusieurs milliers de blessés par jour.

Le concept du soutien sanitaire et des évacuations reposait déjà, pour assurer la continuité des soins, sur la prise en compte de nombreux facteurs : le cadre de la manœuvre des forces et leur logistique, le volume des pertes, les délais préopératoires, les capacités opératoires, la capacité d'hospitalisation des différents hôpitaux de campagne, les moyens d'évacuation disponibles et, en ce qui concerne les EVASAN, les contraintes aéronautiques (maîtrise de l'espace aérien, disponibilité des plates-formes, météo, équipes de convoyage...)

La prise de conscience de tous ces problèmes amena l'état-major des armées à étudier la possibilité de créer une force sanitaire aérienne de complément à partir de la flotte commerciale. De nombreux points, on s'en doute, furent soulevés : de droit, d'assurance, d'équipages, de version sanitaire, de coordination opérationnelle... Il faut croire que tout ces obstacles furent levés puisque, quelque temps plus tard, éclatait la guerre du Golfe.

Dés le début de celle-ci, des moyens aériens civils étaient disponibles. Quel que fût leur type, ils étaient rapidement transformables en version sanitaire. Les moyens militaires tactiques (Transall C160, Hercules C130, hélicoptères) pouvaient assurer les évacuations primaires et secondaires sur le théâtre. Le flux attendu était de 300 blessés/j.

Les années 89-91 marquent donc vraiment une étape dans la mise au point du concept du soutien sanitaire français depuis le ramassage du blessé jusque à son hospitalisation en France. Nous reviendrons plus tard sur ce conflit pour analyser notre organisation.

D'autres aspects sont également apparus dès cette période. L'évolution du concept d'emploi des forces et surtout, en ce qui nous concerne, l'évolution des mentalités, la pression de l'opinion publique et la volonté du pouvoir politique engendrent le concept de "guerre zéro mort" souvent évoqué par les médias.

Dès lors, sur les théâtres d'opération ou les lieux de catastrophe, et c'est une bonne chose, nous devons tendre vers une qualité de soins aussi proche que possible de celle pratiquée sur notre territoire et assurer à nos compatriotes un retour en France tout aussi rapide.

Depuis 1989, les armées ont participé à de nombreuses opérations extérieures dont le caractère multiforme mérite d'être souligné pour comprendre les défis engendrés et les solutions qu'elles ont imposées. Cette diversité de missions auxquelles il participe, le Service de santé des armées les classe en missions au caractère principalement militaire (guerre du Golfe, opération Daguet, 1990-91), missions purement humanitaires (Liban, opération Acanthe, 1989), missions militaro-humanitaires (Kurdistan opération Libage 1991 ou Rwanda, opération Turquoise, 1994 par exemple). Il s'agit d'opérations humanitaires au cours de conflits internes ethniques dirigés contre la population entraînant exodes et camps de réfugiés.

Il est impossible de les citer toutes. Le tableau des missions en cours nous ramène à l'actualité. Il traduit surtout une des contraintes de ces opérations. Leur déclenchement extrêmement rapide induit une disponibilité de tous les instants de nos personnels puis leur durée qui impose des relèves difficiles à gérer avec les déficits d'effectifs que nous connaissons.

On parle également de missions humanitaires dans le cadre d'actions civilo-militaires dans un contexte de paix incertaine ponctuée de violence (Kosovo, Albanie). Ceci n'a pas qu'une valeur théorique. Cette classification pratique correspond à des situations où les EVASAN sont organisées selon des modalités et des procédures différentes :

- dans le premier cas, elles sont préparées dès la conception de l'ensemble du dispositif de soutien et font l'objet d'une planification précise pour laquelle le taux de pertes prévisible constitue un facteur dimensionnant.
- dans le second cas, chacune de ces opérations humanitaires obéit à des règles particulières en fonction des circonstances,

- au cours des missions militaro-humanitaires, elles doivent pouvoir répondre à des pertes occasionnelles nécessitant des structures légères et le recours à des moyens aériens performants aussi bien sur le théâtre qu'entre celui-ci et la France.

Le service de santé et l'armée de l'air participent également dans ce domaine à des missions de service publique d'envergure. On se souvient du drame de Furiani en 1992 où la chute des tribunes entraîna de nombreux blessés du crâne et du rachis. Le débordement des structures locales a donné aux évacuations aériennes une place prépondérante.

Une des dernières missions importantes a permis d'adapter notre concept hors métropole. En octobre 2000, au Yémen, lors de attentat contre l'*US Cole*, la récupération dans des conditions difficiles de sécurité de 35 blessés gravement atteints, leur évacuation par voie aérienne sur Djibouti où ils ont été opérés et traités à l'hôpital des armées Bouffard, puis leur transfert vers la base de Ramstein en Allemagne ont démontré l'efficacité de notre soutien, à la grande satisfaction des Américains.

RETOUR D'EXPÉRIENCES

Au retour, chacune de ces missions bénéficie d'une analyse afin de profiter ultérieurement de ses enseignements. Nous ne reviendrons que sur l'opération Daguet pour des raisons d'actualité évidentes, mais aussi et surtout, parce que, par son ampleur, elle a mis en évidence toutes les contraintes de ce type d'opérations. Le volume des forces engagées et donc des pertes à envisager, les conditions géopolitiques, géographiques et climatiques, les menaces de toutes sortes en particulier chimiques et biologiques, et surtout l'étendue de la zone d'action qui se situait à des milliers de kilomètres de la France constituaient un cadre relativement nouveau après l'accalmie que nous avions connue.

Le caractère inhabituel des élongations et la présence d'une large zone désertique ont eu pour conséquences :

- Le recours quasi systématique à la voie aérienne avec la mise en œuvre d'hélicoptères de manœuvre entre les structures de triage et le traitement des urgences absolues.
- Son utilisation exclusive entre le groupement de soutien logistique avant (GSL) et la base aérienne vers les groupements santé de Riyad et de Yambu par la mise en œuvre des avions tactiques (Transall et Hercules).
- Son utilisation également pour évacuer tous les blessés entre le théâtre d'opérations et la France par des avions moyens courriers.
- L'adaptation des différentes structures de traitement et d'évacuation pour tenir compte des délais préopératoires liés à l'urgence. Elles comprenaient des postes de secours avec les unités, des antennes chirurgicales et médicales à l'avant, un groupe de soutien logistique de soutien avant (GSL). La base aérienne d'Al Asha bénéficiait d'un élément chirurgical d'intervention d'urgence de la marine. À Riyad, un hôpital médico-chirurgical et de transit aérien servait de plaque tournante au dispositif. À distance de Yambu, deux bâtiments de la marine assuraient, en cas de besoin, un relais de traitement chirurgical.
- La mise en œuvre de structures de relais aux différents points d'embarquement et de débarquement des blessés (PEVA et PADB). Il s'agit là de pouvoir les accueillir, les mettre en condition pour le vol, les embarquer selon un plan de chargement rigoureux qui tient compte des soins à prodiguer en vol, de la localisation des blessures, des besoins en oxygène et d'assurer à l'arrivée leur transfert vers les hôpitaux. Tous ces moyens ne peuvent être décrits ici.

Le dispositif n'a pu être heureusement testé, mais les évacuations réalisées tout au long de l'opération à la suite d'accidents ou de blessures de mines ont permis de valider cette organisation. L'hôpital médico-chirurgical et de transit aérien dans sa configuration initiale est apparu trop lourd pour cette dernière fonction. Il a servi à la formation du PEVA de Riyad. Des structures plus légères étaient donc à envisager.

Depuis a donc été défini un groupe de transit sanitaire aérien 120 (GTSA 120) destiné à la prise en charge (accueil, mise en condition pour le vol, embarquement et convoyage aérien) de 120 blessés par jour et dont la modularité permet de constituer une antenne de transit aérien pour 60 blessés/j mise en œuvre en ex-Yougoslavie. Par adjonction de moyens et de personnels supplémentaires, ce groupe peut devenir un GTSA 240. Tous ces chiffres sont des multiples de 30. En effet, trente blessés couchés représentent la capacité nominale retenue pour chaque mission aérienne quel que soit le type d'appareil utilisé.

Les équipes de convoyage sont définies en fonction de la gravité et des soins. Le matériel est constitué en lots de convoyage également adaptés à ce volume de blessés.

Dès le début du conflit ont été mises en place des barquettes thermomoulées, permettant le transport des blessés, soit directement sur le plancher d'un avion cargo, soit sur les dossiers rabattus des sièges passagers de n'importe quel appareil.

Enfin, l'importance des moyens de communication s'est fait sentir tant à l'intérieur de la zone, pour gérer tous les besoins, que pour le vol retour, afin d'avoir une aide technique ou d'alerter le PADB sur l'évolution de certains blessés par exemple.

La composante "santé" comprenait 1 200 personnels (soit 10 % du dispositif) dont 66 sur le terrain pour le convoyage et 3 PEVA. En France, 180 personnels étaient en alerte et 4 PADB activés sur l'axe Paris-Lyon-Marseille.

Au total du 1er octobre 1990 au 24 mars 1991, 219 blessés ont été évacués dont 39 par faits de guerre.

ÉVOLUTION DU CONCEPT

Nous avons vu, à travers l'hypothèse d'un conflit majeur en Europe, tous les aléas du soutien sanitaire et force serait de maintenir certains moyens en raison des contraintes opérationnelles. Depuis la guerre du Golfe, la définition du soutien médical traduit une logique globale de la fonction santé dans les armées dont le seul objectif est d'assurer à tout combattant une prévention médicale, la certitude d'une qualité de soins d'urgence optimale sur le terrain s'il est blessé et la garantie d'être rapatrié en France dans les plus brefs délais et les meilleures conditions possibles.

Il s'agit là de l'originalité du concept français que l'on peut comparer à celui des Anglo-Saxons qui, schématiquement, consiste en une relève rapide sur le terrain par des infirmiers et le transfert vers l'arrière dans des structures type MASH.

Pour réaliser cette performance trois principes font la règle : la fonction santé ne doit souffrir aucune rupture. Pour cela elle doit être dimensionnée et performante. Le service de santé des armées essaie d'en obtenir les moyens en personnels. Il doit exister une étroite coopération interarmées et une recherche de complémentarité avec les alliés. Une relation forte également avec le commandement s'avère nécessaire car les aspects techniques du soutien sanitaire sont indissociables de ses aspects opérationnels. Ainsi il existe à chaque niveau de commandement un représentant du service, conseiller et gestionnaire des moyens engagés.

Trois impératifs techniques complètent ces principes d'organisation :

- la médicalisation de l'avant sur laquelle repose la survie des plus gravement atteints,
- la réanimation et la "chirurgicalisation" de l'avant les plus proches possibles, et grâce auxquelles la survie mais aussi les chances de récupération fonctionnelles sont les meilleures,

- l'évacuation sanitaire aérienne systématique aussi précoce que possible avec poursuite des soins en vol vers la France au profit de la totalité des blessés triés et traités sur le théâtre.

Ainsi après avoir été pendant longtemps un simple accompagnement, ces évacuations sanitaires aériennes précoces font partie intégrante de la chaîne ininterrompue des soins. Elles apparaissent comme une phase thérapeutique et non plus comme un simple maillon entre deux points de soutien, les rapprochant en cela d'avantage d'un service mobile d'urgence et de réanimation.

Aujourd'hui, il est banal de voir s'arrêter une ambulance au pied d'un avion pour récupérer un malade grave ou d'assister, en direct au journal de 20 h, au débarquement de quelques blessés à Villacoublay. Seules une formation constante des personnels et une adaptation permanente des matériels étroitement liées aux progrès des aéronefs ont permis cette évolution.

Les réponses du ministère de la Défense aux problèmes posés par un éventuel syndrome du Golfe

Médecin en chef Jean-Paul BOUTIN

RAPPEL DES FAITS

D'août 1990 en avril 1991, le conflit contre l'Irak a regroupé des troupes d'une vaste coalition internationale, dont la participation très majoritaire concernait les États-Unis (avec près de 700 000 hommes), et à une bien moins grande échelle la France (20 à 25 000 hommes étant passés dans le golfe Arabo-Persique à un moment ou un autre de cette période).

À partir de 1993, aux États-Unis puis en Grande Bretagne et ailleurs, des plaintes ont été enregistrées de la part de militaires ayant servi dans le Golfe. Une grande variété de problèmes de santé a été rapportée par un nombre important de "vétérans", puisque près de 10 % de soldats américains seraient concernés. De nombreuses causes ont été évoquées en relation avec la guerre du Golfe (emploi des armes de guerre chimiques ou biologiques, climat et conditions de vie, effet du stress psychologique, exposition aux fumées de puits de pétrole en feu, maladies infectieuses, effets secondaires de médicaments utilisés comme antidotes d'armes chimiques, effets secondaires des insecticides, de l'uranium appauvri, des vaccinations) et la notion, très médiatique, de syndrome de la guerre du Golfe, a alors été évoquée.

Dès janvier 1994, le ministère de la Défense américain a mis en place un Comité chargé de coordonner les efforts pour répondre aux problèmes de santé des vétérans de la guerre du Golfe et a débloqué un budget considérable pour encourager des recherches nationales et internationales sur le sujet. Ces travaux, dont certains sont terminés, d'autres encore en cours, ont conduit à de très nombreuses publications scientifiques, principalement outre-Atlantique.

En France, tout a été beaucoup plus discret. Seulement 400 demandes de pension militaire d'invalidité ont été enregistrées en 10 ans. Or aucun système de surveillance particulier des anciens combattants n'existait, ni n'a été mis en place et aucune étude n'a été réalisée en rapport avec ce présumé syndrome.

Une association de défense des soldats victimes de la guerre du Golfe (AVIGOLFE) a été créée en juin 2000. À la même époque, le ministère de la Défense a créé un groupe d'experts militaires. Une Mission d'information parlementaire présidée par le député Bernard Cazeneuve a été mise en place en octobre 2000, tandis que le ministère de la Défense et le secrétariat d'État à la Santé ont confié au professeur Roger Salamon, de Bordeaux, la mise en place d'un groupe de travail indépendant. Cet article résume pour l'essentiel le travail de ce dernier groupe dont le rapport est largement disponible[1].

LA PROBLÉMATIQUE DU SYNDROME ET DE LA MÉTHODE

La notion de syndrome

La principale question posée concerne l'existence d'un syndrome spécifique et un seul, éventuellement nouveau. C'est d'ailleurs cette notion de syndrome qui a soulevé le plus de débats outre-Atlantique.

---

1 H.K. Kang and T.A. Bullman, 1996. "Mortality among U.S. veterans of the Persian Gulf War", *New England Journal of Medicine*, 335 (20), pp. 1498-504.

À la maladie, qui est un état morbide bien délimité et dont on a identifié le facteur causal et/ou le(s) facteur(s) de risque, les cliniciens opposent le syndrome, qui est une construction à partir de symptômes le plus souvent hétérogènes, et dont la constatation sur un certain nombre de cas conduit le médecin à considérer que cet assemblage constitue une entité médicale à laquelle doit être associée une cause qu'il faut chercher.

Souvent un syndrome est associé à un processus physiopathologique (syndrome inflammatoire) ou biologique (syndrome d'immunodépression).

La notion de syndrome, pour habituelle qu'elle soit dans le langage médical, recouvre finalement de multiples situations et n'est pas si simple à définir.

En outre on peut s'interroger sur la finalité de cette question. En effet, ce qui paraît important est la question suivante : les combattants de la guerre du Golfe ont-ils des troubles qui pourraient avoir été occasionnés par cette guerre ?

Que ces troubles constituent ou non un "syndrome", qu'ils soient "absolument spécifiques" de la guerre du Golfe (par rapport à toute autre guerre par exemple), tout cela représente des questionnements dont on comprend bien l'intérêt politique et médiatique voire juridique mais il n'est pas convenable de limiter l'interrogation concernant les conséquences de la guerre du Golfe à la seule question de l'existence d'un "syndrome" nouveau ou non.

De la méthode

Les scientifiques travaillant sur les conséquences sanitaires de la guerre du Golfe, en dehors des conséquences directes et évidentes des opérations militaires (blessures par armes, accidents de transports) ou des manifestations précoces et aiguës (maladies infectieuses d'incubations courtes endémiques sur le théâtre), sont confrontés à de nombreuses difficultés.

Pour décrire une situation pathologique, il faut disposer de la totalité de la population engagée dans le conflit ou en extraire un échantillon représentatif. En dehors de certaines variables comme les causes de mortalité, les plaintes présentées par les vétérans américains n'ont jamais été analysées dans leur exhaustivité et les échantillons étudiés, et décrits dans l'abondante littérature, sont rarement représentatifs de l'ensemble des soldats présents sur les sites de la guerre du Golfe.

Pour apprécier la fréquence d'événements pathologiques, il faut pouvoir les dénombrer et disposer d'une classification claire et acceptée. Dans le cas des conséquences de la guerre du Golfe les symptômes sont en fait très divers, difficiles à classer et d'une certaine manière à comptabiliser.

Pour imputer des événements pathologiques à la guerre du Golfe, il faut démontrer que ces événements sont plus fréquemment rencontrés chez les militaires ayant participé à la guerre du Golfe que chez ces mêmes militaires *s'ils n'avaient pas participé à la guerre du Golfe*. Il est donc indispensable que les études soient comparatives (on parle d'études "exposés versus non exposés") et donc que l'on puisse apprécier les événements pathologiques présentés depuis 1991 dans une population témoin la plus comparable possible à celle des vétérans de la guerre du Golfe (à l'exception de leur présence sur le site de la guerre du Golfe). Il n'est pas simple de trouver de tels témoins.

Pour rechercher une cause précise à un événement pathologique, il est indispensable de mesurer l'exposition à cette cause chez des militaires atteints de l'événement pathologique et chez des militaires qui étaient eux aussi présents dans le Golfe mais qui n'ont pas présenté cet événement (on parle d'études "cas-témoins"). Dans le contexte de la guerre du Golfe, il n'est pas simple de retrouver rétrospectivement des différences d'exposition entre les militaires, surtout lorsque l'enregistrement des expositions n'a pas été fait pendant le conflit lui-même. Or, qui a enregistré avec précision pour chaque soldat les lieux précis de présence et les activités correspondantes jour après jour ? Personne !

Enfin une des difficultés majeures qui explique assez souvent l'incompréhension qui peut régner entre l'expert et le décideur est celle de "l'impossible réfutation". Les études épidémiologiques sont toutes comparatives et les résultats s'appuient sur une analyse statistique à la recherche d'une différence entre un groupe étudié et le groupe témoin. Si une telle différence existe, la méthode statistique peut la mettre en évidence (on parle alors de différence significative). Si, par contre, cette différence n'existe pas, le statisticien ne pourra jamais démontrer cette inexistence. Tout au plus pourra-t-il conclure qu'"*il n'a pu mettre en évidence une différence*", ce qui n'est en rien synonyme de :"*une absence de différence est démontrée*". Là est toute l'ambiguïté et la difficulté du problème et partant de là des relations entre expert et décideur.

La réponse issue des commissions françaises

Le Groupe de Travail a procédé à l'analyse de la littérature publiée, soit 350 articles entre 1991 et décembre 2000. Seules les études comparatives ont été prises en compte. Tous ces articles ont été lus et analysés et des recommandations ont été faites.

De façon extrêmement schématique, il faut retenir qu'il y a eu des études sur les troubles présentés et des études sur les expositions subies pendant la guerre. Des premières ont peut retenir les points suivants.

Deux importantes études quasi exhaustives ont été publiées sur la mortalité des soldats américains et britanniques[2]. Ces deux études bien conduites, avec des groupes témoins portaient sur toute la population

---

2 G.J. MacFarlane, E. Thomas et al., 2000, "Mortality among UK Gulf War veterans", *Lancet*, 356 (9223), pp. 17-21 ; A.D. Penman, M.M. Currier et al., 1996, "*No evidence of increase in birth defects and health problems among children born to Persian Gulf War veterans in Mississippi*", *Military Medicine* 161(1), pp. 1-6.

concernée (695 516 soldats pour l'étude américaine et 53 412 pour l'étude anglaise). Il apparaît très clairement dans ces deux études qu'il n'y a aucun excès de mortalité chez les militaires exposés à la guerre du Golfe par rapport à des militaires non exposés à la guerre du Golfe, sauf en ce qui concerne la mortalité par accident de la route où l'on retrouve un léger excédent chez les anciens du Golfe dans les deux études. Cette légère surmortalité par accident est partiellement expliquée par un excès de conduites à risque rencontré dans les suites d'opérations militaires et ne témoigne, selon les auteurs, d'aucune spécificité pour la guerre du Golfe. De plus une enquête américaine, publiée en octobre 2000, étudiant les caractéristiques associées au déploiement dans le Golfe, souligne le fait que les militaires déployés avaient déjà antérieurement à la guerre du Golfe des comportements plus à risque que les militaires non déployés.

Aucun effet délétère sur la descendance n'a été publié. Trois études américaines ont porté sur les conséquences de la guerre du Golfe sur la descendance[3]. Ces études ont montré des fréquences de prématurité, de faible poids de naissance ou d'anomalies congénitales identiques chez les enfants de vétérans de la guerre du Golfe et chez les sujets témoins. Aucune différence dans la fécondité n'a été publiée.

De nombreux travaux ont porté sur des maladies connues, à la recherche d'une fréquence en excès chez des vétérans de la guerre du Golfe. Ces travaux ont été soit le résultat d'études directement orientées sur une maladie, soit issus de l'analyse des hospitalisations et des causes de décès. Rien n'apparaît sauf un travail sur le cancer du testicule. Une augmentation de ce cancer a été constatée dans la période immédiatement après la guerre (fin

---

3 D.N. Cowan, R.F. De Fraites et al., 1997. "The risk of birth defects among children of Persian Gulf War veterans", *New England Journal of Medicine* 336 (23), pp. 1650-6 ; M.R. Araneta, D.A. Destiche et al., 2000, "Birth defects prevalence among infants of Persian Gulf War veterans born in Hawaii, 1989-1993", *Teratology* 62 (4), pp. 195-204.

1991)[4]. Mais cet excès n'existait plus lorsque le recul a augmenté (fin 1995). À l'exception de cet élément, aucune maladie "connue" n'apparaît comme plus fréquente chez les militaires exposés à la guerre du Golfe.

Trois publications ont calculé le taux d'hospitalisations et en ont déterminé les causes pour un personnel déployé dans le Golfe (552 111 personnes incluses), comparativement à un groupe témoin de militaires non déployés (1 479 751 personnes incluses). Elles montrent une très légère augmentation des hospitalisations désignées par la mention "*signes et symptômes non spécifiques*", ce que les auteurs expliquent par le fait que les militaires déployés dans le Golfe ont été systématiquement conviés à une hospitalisation pour bilan[5].

La recherche de signes et symptômes divers a été le plus souvent réalisée auprès d'échantillons de militaires ayant participé à la guerre du Golfe avec comme mode de recueil de l'information un questionnaire adressé par voie postale ou téléphonique. Il s'agit essentiellement de militaires américains mais aussi britanniques, voire canadiens, australiens et danois. Toutes ces études, inspirées par la problématique d'un éventuel syndrome de la guerre du Golfe, ont été confrontées aux difficultés méthodologiques déjà évoquées, en particulier les échantillons étudiés ne sont généralement pas représentatifs et bien souvent les études ne comportent pas de groupe de témoins. À ces difficultés s'ajoutent des imprécisions quant à la mesure de l'information due à la quasi-impossibilité de recueillir valablement par auto-questionnaire des signes fonctionnels, due à l'influence des questions

4 J.D. Knoke, G.C. Gray et al., 1998. "Testicular cancer and Persian Gulf War service", *Epidemiology* 9(6), pp. 648-53.

5 J.D. Knoke and G.C. Gray, 1998, "Hospitalizations for unexplained illnesses among U.S. veterans of the Persian Gulf War", *Emerging Infectious Diseases* 4 (2), pp. 211-9 ; K.W. Kizer, S. Joseph et al., 1995. "Unexplained illness among Persian Gulf War veterans in an Air National Guard unit : Preliminary report - August 1990-March 1995", *Journal of American Medical Association* 274 (1), pp. 16-17.

sur les réponses, à la différence entre les plaintes ressenties et les plaintes exprimées, de même que celle entre les plaintes exprimées et les signes cliniques observés. On peut facilement se douter de toutes les difficultés de ces études et des biais de résultats.

Trois études majeures ont été menées aux États-Unis[6] et une en Grande-Bretagne[7]. Les quatre études concluent que les soldats ayant participé à la guerre du Golfe ont présenté des signes et des symptômes très divers, de nature essentiellement fonctionnelle, avec une fréquence statistiquement plus grande que celle des témoins. Ces signes très divers (plus d'une cinquantaine de signes sont notés) sont souvent relatifs à une fatigue chronique, une symptomatologie dépressive et douloureuse et à ce qu'il est parfois convenu d'appeler les symptômes de "stress post-traumatique".

Existe-t-il alors un syndrome de la guerre du Golfe ? Est-il nouveau ? Est-il unique ?

Il existe à l'évidence une augmentation nette et significative de "plaintes" chez les militaires ayant participé à la guerre du Golfe, mais il semble que ces plaintes soient très diverses, que leurs causes ne soient pas toujours précisées, et en tout cas certainement pas uniques.

Ainsi, les auteurs s'accordent très généralement pour reconnaître qu'il n'apparaît pas clairement la notion d'un syndrome évident.

Peut-être existe-t-il une spécificité dans la "combinaison" des signes présentés par les vétérans qui serait alors l'expression possible d'un syndrome ?

La recherche d'une telle spécificité combinatoire doit reposer sur des méthodes statistiques multivariées

---

6 D.A. Schwartz, B.N. Doebbeling et al. "Self-reported illness and health status among Gulf War veterans : A population-based study", *Journal of American Medical Association",* 1997, 277 (3), pp. 238-245 ; C. Unwin, N. Blatchley et al. "Health of UK servicemen who served in Persian Gulf War", *Lancet,* 1999, 353 (9148), pp. 169-78.

7 R.W. Haley, T.L. Kurt et al. "Is there a Gulf War Syndrome ? Searching for syndromes by factor analysis of symptoms, *Journal of American Medical Association* 1997, 277 (3), pp. 215-22, [erratum in *Journal of American Medical Association,* 1997, 278(5) :388]".

du type des “Analyses factorielles” qui sont des méthodes assez sophistiquées.

Cinq équipes (dont une britannique) ont tenté de répondre à la question en utilisant de telles méthodes statistiques sur les symptômes recueillis par des auto-questionnaires et non par des examens médicaux. Ces cinq travaux sont considérés outre-Atlantique comme des références importantes[8]. Les différents chercheurs ont utilisé le même outil statistique pour répondre à la question et prennent des critères identiques pour la construction du modèle.

Quatre des cinq études concluent à l'inexistence d'un syndrome spécifique à la guerre du Golfe et l'une conclut à l'existence chez ces vétérans de six syndromes différents chacun lié à des expositions différentes. Ce qui apparaît globalement en premier dans ces cinq études est qu'il existe un excès significatif de plaintes chez les militaires anglo-saxons déployés pendant la guerre du Golfe par rapport à des témoins militaires non déployés ou déployés en Bosnie-Herzégovine. Cela est très nettement mis en évidence par les quatre auteurs qui ont utilisé un groupe témoin. En ce qui concerne le syndrome proprement dit, les cinq auteurs, utilisant des méthodes voisines, ont conclu que les signes dont se plaignent les militaires se structurent, s'associent selon des “facteurs” c'est-à-dire des combinaisons de signes générées par l'analyse statistique. Ces facteurs ont de fortes intersections et l'on retrouve quasi unanimement deux facteurs communs :

- un facteur de nature psychologique comportant dépression, sentiment d'insécurité, nervosité, troubles du sommeil, angoisse, etc. et ;
- un facteur de nature somatique touchant essentiellement les articulations et les muscles.

---

8 K. Fukuda, R. Nisenbaum et al. “Chronic multisymptom illness affecting Air Force veterans of the Gulf War”, *Journal of American Medical Association,* 1998, 280 (11), pp. 981-8 ; M.A. McDiarmid, J.P. Keogh et al. “Health effects of depleted uranium on exposed Gulf War veterans”, *Environmental Research,* 2000, 82 (2), pp. 168-180.

Des recherches extrêmement nombreuses et variées ont porté sur les facteurs d'exposition des militaires pouvant être des causes possibles d'un éventuel syndrome du Golfe. Elles associent des études de nature fondamentale et des analyses épidémiologiques. Ces dernières sont malheureusement soumises à de grandes difficultés et entachées de nombreux biais. En effet, comme nous l'avons déjà évoqué, la recherche rétrospective, souvent des années après, des expositions est très difficile surtout lorsqu'il s'agit de les distinguer entre les combattants (ce qui est nécessaire pour démontrer une relation de causalité entre une exposition chez des plaignants comparativement à une moindre exposition chez des non plaignants).

Parmi les facteurs étudiés, on notera d'abord le problème de l'uranium appauvri qui est réapparu au devant de la scène avec les opérations des Balkans. À côté de travaux de laboratoire (techniques d'analyse, implantation de fragments d'uranium dans le tissu musculaire chez le rat, etc.) deux articles ont retenu l'attention du Groupe de travail. Mais, au total, rien ne permet de considérer l'uranium appauvri comme responsable d'un présumé syndrome de la guerre du Golfe.

On a évoqué l'exposition aux fumées des puits de pétrole en feu, mais il apparaît peu vraisemblable qu'elles puissent être la cause des signes présentés. En effet, les substances toxiques semblent généralement avoir été en dessous des doses limites acceptées et le niveau mesuré des marqueurs d'hydrocarbures polycycliques aromatiques est faible, comme le montre au moins un article[9].

Concernant la pyridostigmine, il s'agit d'un inhibiteur de l'acétylcholinesterase dont on a beaucoup parlé. Elle a une toxicité aiguë en surdosage qui est connue, mais aucun signe grave évoquant une telle toxicité n'a

9 Y. Sharabi, Y.L. Danon et al. "Survey of symptoms following intake of pyridostigmine during the Persian Gulf war". *Israeli Journal of Medical Sciences,* 1991, 27(11-12), pp. 656-8.

été observée chez les vétérans[10]. En ce qui concerne les effets chroniques à moyen ou long terme, il n'y a aucun élément publié qui puisse étayer cette hypothèse[11]. Néanmoins si l'hypothèse d'une relation ne peut être totalement exclue[12], l'expérience cumulée sur les effets retardés de la pyridostigmine en utilisation civile, en particulier dans le syndrome de fatigue post-poliomyélite va à l'encontre de cette hypothèse[13].

Le rôle des insecticides, en particulier des organophosphorés, a été très discuté. S'il existe un consensus sur leurs possibles effets toxiques aigus, il reste une incertitude et des controverses sur les possibles effets, à long terme, des expositions prolongées à faibles doses, surtout lorsque d'autres facteurs (stress, chaleur, etc.) sont associés[14]. Il faut noter dans ce domaine un article

---

10 J.R. Keeler, C.G. Hurst, M.A. Dunn. "Pyridostigmine used as a nerve agent pre-treatment under wartime conditions". *Journal of American Medical Association,* 1991, 266(5), pp. 693-5 ; Canadian Department of National Defense (CDND), "Health study of Canadian forces personnel involved in the 1991 conflict in the Persian Gulf", Ottawa, Canada, Goss Gilroy, 1991.

11 A. Friedman, D. Kaufer et al. "Pyridostigmine brain penetration under stress enhances neuronal excitability and induces early immediate transcriptional response [see comments]", *Natural Medicine,* 1996, 2 (12), pp. 1382-5 ; M.B. Abou-Donia, K.R. Wilmarth et al., 1996. "Neurotoxicity resulting from co exposure to pyridostigmine bromide, DEET, and permethrin : implications of Gulf War chemical exposures", *Journal of Toxicology and Environment Health, 1996,* 48 (1), pp. 35-56.

12 J.B. Hoy, J.A. Cornell et al. "Repeated coadministrations of pyridostigmine bromide, DEET, and permethrin alter locomotor behaviour of rats", *Vet Human Toxicology,* 2000, 42 (2), pp. 72-6 ; D.A. Trojan, N.R. Cashman. An open trial of pyridostigmine in post-poliomyelitis syndrome. *The Canadian Journal of Neurological Sciences* (3), 1995, pp. 223-7

13 T.L. Kurt. "Epidemiological association in US veterans between Gulf War illness and exposures to anticholinesterases", *Toxical Letter,* 1998, 102-103, pp. 523-6.

14 R.C. Wester, D. Quan et al. "In vitro percutaneous absorption of model compounds glyphosate and malathion from cotton fabric into

qui confirme la possibilité de passage cutané des insecticides ; or les uniformes des soldats américains étaient imprégnés de perméthrine (mais ce n'est pas un organophosphoré) mais pas ceux des soldats français à cette époque[15].

Un risque lié à l'agent nerveux Sarin a été évoqué aux États-Unis (en particulier à la suite à la destruction des armes iraquiennes à Khamisiayah). Rien d'évident n'a été montré dans une étude exposés-non exposés publiée[16].

L'un des facteurs de risque les plus fréquemment évoqués Outre-Atlantique est le programme de vaccination mis en place pour protéger les forces armées contre la menace d'armes biologiques. En effet, à côté des vaccinations usuelles, le programme américain intégrait des vaccinations contre le botulisme et le charbon, tandis que le programme anglais avait choisi de protéger ses troupes contre la peste et le charbon avec comme adjuvant un vaccin contre la coqueluche. Ces dernières vaccinations ont été faites sur place dans le Golfe. Une importante étude a montré une relation entre les vaccinations multiples et rapprochées et un certain nombre des signes retrouvés chez les anciens militaires[17]. Cette relation est d'autant plus forte que ces vaccinations ont été réalisées sur place pendant le déploiement et les auteurs considèrent que ces effets secondaires sont augmentés par une association au stress de l'opération. Néanmoins, des critiques ont été apportées car les possibles facteurs de

---

and through human skin", *Food and Chemical Toxicology,* 1996, 34 (8), pp. 731-5.

15 G.C. Gray, T.C. Smith et al. "The post-war hospitalisation experience of Gulf War Veterans possibly exposed to chemical munitions destruction at Khamisiyah, Iraq", *American Journal of Epidemiology,* 1999, 150 (5), pp. 532-40.

16 M. Hotopf, A. David et al. "Role of vaccinations as risk factors for ill health in veterans of the Gulf war : cross sectional study", *British Medical Journal,* 2000, 320 (7246), pp. 1363-7.

17 R.K. Gherardi, M. Coquet et al. "Microphagic myofasciitis lesions assess long-term persistence of vaccine-derived aluminium hydroxide in muscle", *Brain,* 2001, 124 (9), pp. 1821-31.

confusion sont nombreux. Il faut donc rester prudent sur ce sujet.

À ces résultats il faut ajouter une hypothèse intéressante concernant le rôle possible de l'alumine employée comme adjuvant des vaccins usuels[18].

Il y a bien sûr dans tout acte de guerre des pathologies qui peuvent être induites par le stress. Cela n'est pas propre à la guerre du Golfe mais on peut accepter l'idée que cette guerre pouvait apporter en ce domaine un certain nombre de spécificités (rôle des media, crainte des armes chimiques, conditions climatiques extrêmes, éloignement...). C'est pourquoi le stress a pu être évoqué comme une cause d'un possible syndrome du Golfe. Parmi les très nombreuses publications sur ce sujet aucune n'est concluante sur le rôle spécifique du stress. On comprend d'ailleurs aisément la difficulté de mesurer rétrospectivement l'importance d'un stress pour l'associer à des plaintes émises des années plus tard.

Rien de concluant n'a été publié concernant le rôle d'autres facteurs tels que les maladies infectieuses ou le climat.

Enfin le groupe de travail a analysé les dossiers de demande de pension émis par des vétérans français. Deux cents fiches relatives à une demande de pension militaire d'invalidité consécutive à une participation aux opérations du Golfe ont été analysées. La moitié de ces vétérans demandeurs sont encore militaires en activité en 2001. La durée de séjour dans le Golfe est en moyenne de 3,5 mois, variant entre 12 jours à 7 mois et demi. Les dates de dépôt sont connues pour 194 dossiers. On note que 48,5 % des demandes ont été effectuées durant la période de la guerre (années 1990 et 1991).

Les affections ont été précisées et codées. En tout 168 affections différentes ont été citées, 93 affections sont de types traumatologiques, 38 neurologiques, 30 des

---

18 Gherardi RK, Coquet M et al. "Microphagic myofasciitis lesions assess long-term persistence of vaccine-derived aluminium hydroxide in muscle", *Brain,* 2001, 124(9): 1821-31.

affections auditives, 7 sont des cancers et 45 ont été classés dans un groupe autre.

Parmi les 191 dossiers pour lesquels on connaissait l'avancée du dossier : 69 ont été rejetés et 97 ont obtenu une pension définitive, les autres étaient en attente. Parmi les 93 demandes associées à des affections traumatiques, 67 % ont obtenu une pension. Et 21 % seulement (8 demandes sur 38) des demandes associées à des troubles neuropsychologiques ont obtenu une pension.

Six décès ont été répertoriés parmi ces demandeurs de pension. Les affections déclarées pour ces 6 demandes étaient 5 cancers et 1 hépatite chronique. Les 6 demandes de pension avaient été rejetées.

Les recommandations du groupe de travail français

Il n'est pas possible de calquer les résultats américains ou anglais sur les militaires français, dans la mesure où les conditions dans lesquelles les militaires français étaient engagés dans la guerre du Golfe avaient un certain nombre de spécificités, en particulier de lieu, de manœuvre, de protection vaccinale et de lutte antivectorielle.

En outre, le débat public en France, et l'inquiétude chez certains de nos vétérans, ont conduit le Groupe de travail à proposer 3 axes d'intervention, classés en études épidémiologiques, recherches biologiques, et surveillance à long terme.

Il paraît indispensable de mener une étude exhaustive sur l'ensemble des vétérans qui ont participé à la guerre du Golfe, c'est-à-dire plus de 20 000 personnes. Cette étude permettrait :

- de rassurer les vétérans en mettant en place, pour l'ensemble des personnels déployés dans le Golfe, une offre de soins en consultations hospitalières spécialisées, civiles ou militaires ;
- de rassurer la population sur le désir de transparence des autorités ;

- de dresser un bilan objectif des plaintes et des maux ressentis pour tous les personnels qui auraient répondu ;
- de mesurer les troubles objectifs (cliniques et paracliniques) présentés par les personnels qui consulteront.

Il paraît ensuite inévitable de réaliser une analyse de la mortalité des militaires déployés dans le Golfe. Cette étude devrait préciser les causes de décès, en particulier les cancers et les accidents, avec une possibilité de comparer des populations différentes (militaires déployés dans le Golfe, non déployés dans le Golfe et éventuellement population générale).

Deux sujets de recherche biologique fondamentale méritent un effort particulier. D'une part en matière de vaccinations ; un certain nombre de questions sont aujourd'hui posées dans ce domaine et particulièrement lorsque les vaccinations sont multipliées en un temps bref. Il est nécessaire de soutenir des recherches en ce domaine. D'autre part, il est bien évident que l'étude des signes et symptômes relatifs à la guerre du Golfe soulève la question classique de la relation stress - immunité sur laquelle travaillent déjà un certain nombre d'équipes qui doivent être soutenues.

Enfin les questions posées au sujet de la guerre du Golfe ont révélé la grande insuffisance française en matière de surveillance épidémiologique des anciens combattants par opposition à la surveillance effectuée pendant le service actif. La guerre du Golfe s'inscrit dans un cadre de conflits modernes qui font appel à des technologies nouvelles, qui se déroulent souvent dans des zones particulières (milieu urbain avec environnement industriel). Les participants à ces conflits se trouvent ainsi confrontés à des risques non ou mal identifiés, parfois nouveaux. Or, les troubles de santé qui pourraient être consécutifs à ces expositions peuvent n'apparaître qu'à long terme chez les anciens combattants dont une proportion croissante avec le temps n'est plus militaire et n'est donc plus assujettie au système de surveillance épidémiologique en vigueur dans les armées. Il importe donc de mettre en œuvre un véritable système national permettant la surveillance de la santé des anciens combattants (y compris au-delà de leur service actif). Cela requiert une volonté politique claire et affichée pour qu'un véritable "observatoire" de la santé des anciens combattants puisse être mis en place, avec des moyens adaptés.

Les décisions politiques et administratives

L'ensemble des recommandations du Groupe de travail a été validé par la Mission d'information parlementaire qui a de plus souhaitée, que l'enquête rétrospective faite auprès des anciens combattants comporte une partie relative à la santé de la descendance des soldats français, née après le conflit. Finalement 4 mesures ont été prises par les ministres concernés et sont en cours de développement.

L'enquête française sur la guerre du Golfe et ses conséquences sur la santé

L'objectif principal de cette étude est de décrire les symptômes et les maladies présentées par les militaires et les civils français ayant participé aux opérations extérieures dans le golfe Arabo-Persique entre août 1990 et juillet 1991. Les objectifs secondaires sont de décrire aussi chez ces militaires et civils français les principales expositions rapportées dans les différentes lieux où il ont été, ainsi que les vaccinations qu'ils ont reçues et l'état de santé de leur descendance. Il s'agit d'une étude exhaustive. Seront inclus toutes les personnes, civiles ou militaires, ayant participé aux opérations extérieures dans le Golfe entre août 1990 et juillet 1991.

Cette étude a été confiée par le ministre de la Défense à l'INSERM et est réalisée à Bordeaux par l'unité U 330 du professeur Salamon qui avait dirigé les travaux du groupe de travail. La liste des noms et des adresses, les plus récentes possibles, connues de 20 000 militaires ayant participé aux opérations dans le Golfe entre août 1990 et juillet 1991 a été fournie par le ministère de la Défense. Cette liste a été complétée ultérieurement par la liste des civils ayant travaillé pour la Direction Générale de l'Armement dans la période d'étude. Près de 21 000 identités ont ainsi été réunies. La moitié des anciens combattants sont encore en activité dans les armées.

Un questionnaire a été envoyé à chaque personne dont l'adresse était connue. Ce questionnaire de 12 pages permet de renseigner sur les éléments socio-démographiques et l'histoire militaire, les expositions et symptômes lors du séjour dans le Golfe et les symptômes et maladies présentées après la fin de la mission dans le Golfe, ainsi que des informations relatives à la santé de la descendance.

De plus, les sujets qui le désirent peuvent bénéficier d'une consultation médicale et d'une prise en charge dans les hôpitaux militaires ou les 28 centres universitaires de pathologie professionnelle répartis dans toute la France. Après la consultation, une partie des conclusions standardisées et les résultats des examens complémentaires prescrits sont transmis en retour à l'INSERM. Cette enquête doit s'étendre sur deux ans (2002-2004).

Au 1er octobre 2002, l'INSERM disposait donc de près de 21 000 noms de personnes concernées, mais des adresses récentes ne sont pas toutes disponibles. Les démarches sont encore en cours pour récupérer les adresses manquantes. Les questionnaires ont été envoyés dès février 2002 à tous les militaires encore en activité, et sont encore en cours d'envoi pour les autres. Plus de 3 000 questionnaires ont déjà été retournés. Pour ce qui est des bilans médicaux, les participants prennent régulièrement contact avec les centres hospitaliers civils et militaires.

L'observatoire de la santé des vétérans

Les conflits modernes génèrent pour les combattants des risques qui, s'ils ne sont pas toujours nouveaux, restent mal identifiés. Les conséquences sanitaires de la complexité croissante des systèmes d'armes doivent être mesurées et ces conflits surviennent de plus en plus en milieu urbain avec des expositions particulières péri industrielles. Ces nouveaux toxiques ont entre autres caractéristiques :

- que la notion de dose/effet est mal connue, difficile à mesurer dans l'ambiance d'une opération et rarement transposable aux normes civiles européennes du temps de paix ;
- que les conséquences sanitaires sont susceptibles de ne se dévoiler que très tardivement, bien après l'opération et donc alors que le combattant est souvent rendu à la vie civile ;
- enfin que la connaissance scientifique de ces risques environnementaux progresse régulièrement et donc souvent après l'opération proprement dite.

Il importe donc de d'établir pendant l'engagement une typologie et une cartographie aussi complète que possible des expositions auxquelles sont soumis les combattants, dans un esprit volontairement ouvert c'est-à-dire sans se limiter aux seuls risques connus et quantifiés en Occident. Il faut ensuite en garder durablement la mémoire. L'Observatoire de la santé des vétérans est donc créé avec comme objectif : d'organiser et de coordonner le recueil prospectif des données d'exposition pendant les opérations et de coordonner le recueil prospectif au long terme des données sanitaires relatives aux vétérans, même au delà de leur lien au service des armées.

Pour le premier point, d'ores et déjà, l'État-major des armées et le Service de santé des armées ont mis en place une procédure d'évaluation et de recueil de l'information relative aux risques en opération dite Hygiène et Sécurité en Opération (HSO). Cette doctrine est mise en oeuvre dès 2002 au Kosovo.

Pour le deuxième point, il s'agit de réfléchir à la meilleure façon de mettre en lien les données médicales d'un individu aux différents moments de sa vie, depuis sa participation à une opération militaire quand il était jeune soldat jusqu'à son problème de santé survenant des années après, voire dans son troisième âge. Ceci devra être fait à travers des systèmes de prise en charge différents, militaire puis civil, du régime de sécurité sociale militaire au régime général, du Service de santé des armées au médecin généraliste libéral, etc.

La carte VITALE 2, future véritable mémoire de notre santé, pourrait être un support très utile. La réflexion est très ouverte, et ce sera l'un des défis de l'OSV que de proposer un moyen de traçage de notre santé au travers des différents moments de notre vie professionnelle.

La surveillance épidémiologique dans les armées

Depuis 1995 le Service de santé des armées est doté d'un système de surveillance épidémiologique qui couvre environ 60 maladies et les décès. Ce système intègre bien sûr la vingtaine de maladies à déclaration obligatoire en France. Chaque lundi tous les médecins militaires déclarent de façon anonyme les cas de ces 60 maladies qu'ils ont observés au cours de la semaine écoulée. Les formulaires de déclaration, tout en préservant l'anonymat des patients, ont été élaborés de façon à permettre de suivre l'évolution dans le temps et dans l'espace des maladies et de permettre de mettre en évidence soit des tendances épidémiologiques évocatrices de dégradation ou au contraire d'amélioration de l'état de santé des unités, soit de mettre en évidence des groupements spatio-temporels évocateurs de phénomènes anormaux.

Depuis le 1er janvier 2002, ce système a été réformé pour intégrer la surveillance des cancers, des hémopathies et des accidents cardio-vasculaires, mais aussi de tout phénomène d'apparence anormale que le médecin d'unité pourrait mettre en relation avec une exposition environnementale particulière.

L'objectif de cette réforme est, en particulier, de donner aux médecins des unités un moyen de faire remonter tout cas qui leur semblerait pouvoir être en relation avec une exposition professionnelle. Cette nouvelle procédure vise donc à rendre le système de surveillance plus réactif. Bien sûr, ce système ne porte que sur les personnels militaires au moment de l'apparition des troubles et ne peut remplacer l'attente que nous mettons dans l'OSV.

La recherche

La recherche enfin n'a pas été oubliée, le Service de santé des armées et la Direction générale de l'armement la soutiennent.

Le premier programme est relatif à l'étude de l'influence des situations de stress sur l'acquisition, l'entretien et l'expression de l'immunité. Il est maintenant avéré que les moments de stress de la vie courante se traduisent par une altération du système immunitaire.

Les engagements militaires impliquent des contraintes qui sont susceptibles d'induire une réaction de stress. Les données actuelles sur l'immunisation et la survenue de maladies infectieuses en situation de stress, physique ou psychologique, semblent indiquer que la variabilité individuelle dans la réponse au stress est un élément fondamental à prendre en compte dans la prédiction de la réussite vaccinale.

De façon schématique et brève, il s'agit, à partir de modèles animaux, d'étudier si un individu qui subit un stress fabrique ou non des anticorps et aussi des molécules indispensables à l'immunité comme les cytokines, en quantité suffisante, au moment adéquat. En particulier, le moment où doivent être réalisées les vaccinations par rapport à la participation aux opérations de guerre doit être étudié.

Le deuxième axe consiste à étudier le possible lien entre l'aluminium et la survenue d'une fatigue musculaire chronique. Cette hypothèse ne repose à ce jour que sur des données très préliminaires, mais ne doit pas être négligée lorsque l'on prend en compte les trois points suivants : la fatigue chronique et le cortège de symptômes qui l'accompagnent toujours, ont été fréquemment décrits chez les vétérans américains comme nous l'avons dit ; une équipe française a mis en évidence des cristaux d'alumine dans les muscles de patients souffrant d'un syndrome de fatigue chronique appelé fasciite à macrophages ; beaucoup de vaccins comportent un peu d'hydroxyde d'aluminium, qui est utilisé comme adjuvant c'est-à-dire comme renforçateur de la réactivité du sujet à la stimulation immunitaire.

Sans faire d'amalgame, ni tirer de conclusions prématurées, il y a là à l'évidence un axe de réflexion et de recherche qui ne doit pas être négligé. Une étude est en cours sous l'égide de l'Agence française de sécurité sanitaire des produits de santé.

CONCLUSION

Ce bref survol voulait montrer comment a été organisée la réflexion puis la réponse du ministère de la Défense (et donc de son Service de santé) face à un problème qui le concerne au premier plan, parce qu'il touche à la fois la santé des militaires, la santé des anciens combattants, l'évolution des méthodes de prévention aussi bien pour les populations civiles que militaires, l'organisation de la veille sanitaire aussi bien civile que militaire, l'histoire des conflits et de leurs conséquences les moins prévisibles, mais aussi les échanges d'expérience entre nations alliées.

On peut considérer au décours de cette crise, que l'avancée la plus importante est la prise en compte par la Nation du besoin de surveiller au long terme et non plus dans l'immédiateté des conflits, l'état de santé des combattants comme d'ailleurs pour tout travailleur français.

La difficulté mais aussi le défi auquel nous devons faire face est donc d'inventer maintenant les outils qui permettront une véritable reconstitution des risques subis pendant toute une vie professionnelle, militaire puis civile la plus souvent.

Remarque

Cet article est très largement inspiré du travail de la Commission chargée d'analyser les données sanitaires relatives aux anciens combattants français de la guerre du Golfe, dirigée par le professeur Roger Salamon ; commission dont l'auteur était membre à part entière. Pour autant ce texte n'engage que son auteur et nullement les coauteurs du rapport final de la Commission, ni le ministère de la Défense, ni le Service de Santé des Armées.

La psychiatrie à l'avant (évolution des idées et techniques de soins psychiques à l'avant)

Médecin en chef Patrick DEVILLIÈRES

La psychiatrie de guerre est née avec le XXe siècle[1]. Si la première puissance à l'utiliser fut la Russie, pour avoir fait appel à des spécialistes au cours du conflit russo-japonais de 1904-1905, c'est au cours de la Première Guerre mondiale que les militaires français, anglais et américains firent de même et jetèrent les premières bases de la psychiatrie de guerre. Il est préférable maintenant de parler de psychiatrie à l'avant, du fait de la complexité actuelle des conflits, avec entre autre "ces guerres qui ne disent pas leur nom".

L'HÉRITAGE

Il est difficile de faire la part de ce qui revient à chaque pays dans les avancées de la connaissance des troubles psychiques dans les armées engagées dans les conflits, de par le caractère souvent multinational de ces derniers, et par l'échange des connaissances. Toutefois nous essaierons ici de cerner l'évolution au cours du XXe

1 Anne M. Lovell, "Traumas, névroses et autres blessures ; de l'influence des militaires dans la psychiatrie de l'après-guerre". *La recherche*, hors série : la science et la guerre, 400 ans d'histoire partagée, n° 7, avril-juin 2002, pp. 92-94.

siècle, scindée jusqu'au tournant des années 1990 pour l'armée française et les autres armées.

L'armée française

Auparavant, le ramassage des blessés physiques allait de soi, mais il n'en allait pas de même pour les blessés psychiques. Pourtant les guerres entraînaient d'importantes pertes psychiques. C'est surtout à partir de la guerre de 14-18, avec la mécanisation sans précédent des techniques de combat, l'importance des pertes humaines, l'éloignement prolongé, que l'ampleur des troubles psychiques de guerre se dévoilera, avec jusqu'à deux blessés psychiques pour un blessé somatique.

Au plan clinique, on observera de nombreuses conversions (paralysies sans lésions neurologiques, cécité du guetteur, aphonie du chef de groupe.....) et des confusions mentales de combat ; les tenants de l'organogenèse (*shell shock*, syndrome du vent de l'obus) s'opposent aux tenants d'une psychogenèse (ictus de terreur, effroi des grands terrifiés, hypnose des batailles, nostalgies...), ces derniers prenant le pas, avec la reconnaissance du trouble émotionnel dans des circonstances extrêmes.

À cette époque un observateur américain, Salmon, constate que les Anglais qui rapatrient leurs blessés psychiques "*across the channel*", voient seulement 5 % d'entre eux de retour au combat, contre 70 % pour les Français qui traitent sur place ; Salmon édictera alors ses principes : immédiateté, proximité, expectative, c'est-à-dire un temps d'observation avant de décider le retour possible du combattant en opération ; plus tard les Israéliens ajouteront un quatrième terme : simplicité, celle des moyens employés.

Avec la guerre de 39-45, on remarquera de nombreux troubles psychosomatiques ; les névroses traumatiques de guerre sont mieux reconnues. Au plan thérapeutique en 1943, les principes de Salmon sont retrouvés et appliqués, dans un souci de conservation des effectifs avec dédramatisation des troubles.

Les guerres suivantes, Indochine et Algérie, s'accompagneront de nombreux troubles des conduites et d'alcoolisme.

Les autres armées

Au commencement de la Seconde Guerre mondiale, les militaires américains promurent une politique de recrutement discriminatoire vis a vis des noirs et des homosexuels, au motif que leur présence était nuisible à la cohésion des groupes[2] ; ce n'est que dans un second temps que l'on tenta de détecter la vulnérabilité psychologique en écartant les *"faibles de caractère"*. Sur les 19 millions d'individus examinés, plus de 2,5 millions d'hommes en bonne santé physique ne furent pas retenus en raison de problèmes mentaux ou émotionnels. Bien que le taux de refus pour troubles psychologiques ait été sept fois plus élevé qu'en 1917-1918, le pourcentage de troubles psychologiques fut deux fois plus élevé chez les soldats de la Seconde Guerre mondiale par rapport à la première.

L'idée s'imposera alors de soigner en vue du retour au combat, de privilégier le soin du fait des limites de la sélection, c'est-à-dire de manière plus générale et fondatrice d'accepter le fait que l'individu, dans ces circonstances hors du commun, ait ses limites et qu'il puisse avoir besoin, même temporairement, d'une aide psychologique. Si la sélection avait échoué, les traitements étaient efficaces. Au moment de l'attaque de Pearl-Harbor, l'armée américaine disposait de 35 psychiatres dans les hôpitaux militaires, pour atteindre 800 psychiatres en 1944.

Les Américains au Viêtnam seront confrontés à de nombreuses toxicomanies ; ils découvriront des lésions cardiaques déjà présentes à l'autopsie de jeunes combattants d'une vingtaine d'années ; ils mettront en avant le

---

2 F. Lebigot, E. Gautier, D. Morgand, J.L. Reges, M. Lassagne, "Le debriefing psychologique collectif", *Annales médico-psychologiques*, 1997, 155, n° 6, pp. 370-378.

rôle du stress de combat, stress aigu et différé, le PTSD : *post traumatic stress disorder* (la névrose traumatique de guerre des Européens). Huit cent mille vétérans seront traités par la suite pour troubles mentaux consécutifs à cette guerre. Le système de classification des troubles mentaux américain est issu des classifications des psychiatres militaires, et la nosologie américaine va s'imposer au monde entier, avec notamment le PTSD, qui vient remplacer la classique dénomination de névrose traumatique.

Les Israéliens, lors de la guerre du Kippour, signalent l'importance quantitative des troubles psychiques immédiats au combat : sur les 1 500 premiers évacués des combats, 900 blessés psychiques seront dénombrés. Ils édictent une classification simple et visant à dédramatiser les troubles : la réaction de combat, avec son mauvais pronostic de retour à l'avant, et la fatigue au combat.

Les enseignements

Dans ces types de conflits où il s'agissait d'affrontements de masse ou de guérilla, l'importance quantitative des troubles psychiques amenait à prévoir de pouvoir faire face à des afflux massifs, et ce en utilisant les principes de Salmon, avec une psychiatrie située à l'avant. On peut noter également l'importance de la sélection psychiatrique préalable, mais qui connaît ses limites. La prise en charge des troubles psychiques aigus ne devait pas faire méconnaître celle des troubles différés, dont la clinique était désormais bien connue. Les opérations de maintien de l'ordre en Algérie ne seront élevées au statut de guerre d'Algérie que très tardivement, entraînant la prise en charge de nombreux anciens combattants souffrant de ces troubles différés chroniques avec le décret de 1992 sur les psychosyndromes traumatiques de guerre, le traumatisme psychique étant envisagé comme une "blessure psychique".

LE TOURNANT DES ANNÉES 1990

En 1990 -1991 la guerre du Golfe vient réactiver l'idée d'affrontement de masse avec son corollaire de "pertes massives" au plan psychique, d'où l'envoi de cinq psychiatres pour l'armée française dont deux en première ligne. Les bombardements systématiques, l'affrontement direct limité montreront *a contrario* peu de pertes psychiques ; pourtant la peur était là, bien présente, avec la menace chimique notamment, avec toutefois des parades (missiles anti-missiles, alertes avec port des tenues de protection...). La peur au combat est un phénomène normal, encore faut-il écarter les sujets les plus fragiles et "décapiter" les rumeurs pour éviter la survenue de paniques collectives. La psychiatrie à l'avant est reconnue, s'agissant d'une psychiatrie qui se porte à proximité de la zone de combat.

En 1994, c'est une situation d'exception à Goma, avec les "*soldats fossoyeurs*", confrontés à la mort de femmes, d'enfants. Un psychiatre est envoyé, nommé "*hygiéniste mental*". Par son rôle de conseiller du commandement, il aidera à prendre les mesures nécessaires ; la pratique de *debriefings* psychologiques sur place sera complété par la suite en métropole.

En Bosnie, la mission de maintien de la paix se poursuit depuis 1993 ; en 1995 une intervention psychiatrique a lieu après la prise d'otages pour la pratique de *debriefings* psychologiques, puis s'instaure une relève. La psychiatrie devient une spécialité projetable, à l'instar de celles plus classiques de chirurgie et de réanimation (antennes chirurgicales).

En 1999, au Kosovo, la cellule médico-psychologique est engagée d'emblée avec, pour 6 500 hommes, un psychiatre et un infirmier psychiatrique.

De nouveaux enseignements sont à tirer de ces interventions. En premier lieu, la pratique de techniques de soins psychiques post-immédiats avec l'utilisation de techniques de groupe et individuelles, les *debriefings* psychologiques, lors de confrontations à des événements hors du commun ; ces modalités de soins présentent l'intérêt d'aider les individus à se dégager du stress ainsi que de repérer les décompensations individuelles permettant une prise en charge précoce des troubles afin d'améliorer le pronostic.

L'importance des troubles psychiques est permanente, avec un évacué sanitaire psychiatrique des théâtres d'opérations extérieures pour un évacué somatique, au rythme d'un homme pour mille par mois d'Opex.

La permanence de psychiatres à l'avant permet de compter en moyenne sur un évacué pour deux soignés sur place, contribuant au maintien des effectifs. D'autre part le commandement est de plus en plus sensible à l'action de soutien psychologique permettant d'exercer au mieux la fonction de conseiller du commandement en matière d'hygiène mentale. Les principes de Salmon restent toujours pertinents ; on pourrait toutefois maintenant parler des quatre P, à savoir prévention, proximité, précocité des soins, permanence du soutien.

LES ENJEUX DE LA PSYCHIATRIE À L'AVANT

Ils peuvent être compris à travers la clinique des troubles, classés en immédiats et différés.

Les troubles psychiques immédiats sont individuels qu'il s'agisse d'angoisse, de dépression, conversions, confusions mentales, délires..., et collectifs sous forme de paniques ; ils ont pour communauté d'être extrêmement désorganisants pour la poursuite des missions, en prenant un caractère de gravité immédiate s'agissant de personnels dotés d'armes de guerre. Lors des missions de maintien de la paix, le stress des militaires a pu souvent être porté à son apogée par l'impuissance à intervenir, le risque de la faute avec ses conséquences politico-médiatiques, comme au début des opérations en ex-Yougoslavie.

Les troubles psychiques différés, en dehors des affections à caractère psychosomatique, sont représentés par le PTSD. Il s'agit d'une affection déterminée par la survenue d'un traumatisme psychique ; il s'agit alors par définition de la *"rencontre avec le réel de la mort"*[3], dans la surprise et l'effroi. Nous savons que nous allons mourir, mais on en réfute l'immédiateté, et notre inconscient ignore la mort, que rien ne représente ; le traumatisé psychique, lui, se trouve confronté à ce "réel", à ce néant. Puis une phase de latence peut s'instaurer, plus ou moins longue, allant jusqu'à des années, mais pouvant s'installer dès le retour en zone de sécurité, avec surgissement d'une symptomatologie pathognomonique de cauchemars de répétition, de *flash back* diurnes ; le néant de la mort s'impose au sujet et ne va plus le lâcher ; dans ces cauchemars réapparaissent les circonstances du traumatisme, la menace directe où il a pu se dire : "ça y est je suis mort", ou la mort de l'autre. Tout cela s'accompagne d'un climat d'angoisse et de dépression de l'humeur, de troubles du caractère et des conduites.

La première idée lors des constitutions de prise en charge par debriefing psychologique était de prévenir l'apparition des PTSD, mais le traumatisme psychique est déjà ancré comme un corps étranger dans le psychisme de l'individu après l'événement vécu.

Toutefois, le *debriefing* amorce un travail de représentation, qui marque un début thérapeutique ; en outre, le repérage précoce des troubles par le psychiatre, associé à l'information dispensée aux impliqués quant à la possible survenue du syndrome de répétition, donne lieu à des prises en charge précoces plus propres à enrayer l'évolution chronique des troubles, donnant un changement radical dans l'évolution.

En cela, la précocité dans la prise en charge psychiatrique, les troubles immédiats et différés se rejoignent par la nécessité d'une psychiatrie qui se porte à l'avant.

3 Anne M. Lovell, *op. cit.*

LE TRAVAIL HUMANITAIRE

Se trouver dans cette position de l'avant confronte à des rencontres avec les malades psychiatriques des populations locales, demandeurs de soins comme en ex-Yougoslavie. Les populations civiles sont de plus en plus impliquées dans ces conflits armés, avec le cortège de drames humains qui s'y attache. La barrière de la langue peut être dépassée par l'emploi d'un interprète. En premier lieu, c'est la désorganisation des systèmes de soins, dans l'après-guerre, qui est à prendre en compte concernant les malades chroniques, en grande majorité s'agissant de patients schizophrènes. Poursuivre les soins, tout en aidant les circuits de soins à se réorganiser, est une tâche qui a été assumée par les psychiatres de l'armée française à Mitrovica au Kosovo dans les mois suivant la mise en place de la KFOR. L'autre versant est constitué par les troubles psychiatriques surgis depuis le conflit. Là encore, dans les circonstances immédiates de l'après-guerre, les soins psychiatriques dispensés en aide médicale gratuite ont pu ensuite être relayés par les ONG et les structures locales. Deux exemples cliniques vont permettre d'en donner le caractère utile : le premier est celui de cette femme revenue au pays alors que son conjoint a été tué pendant le conflit ; elle présente un état dépressif si sévère qu'elle n'a même plus la force d'aller quêter l'aide humanitaire pour elle et ses enfants. Avec la mise en place d'un traitement antidépresseur, l'aide des organisations humanitaires et celle des actions civilo-militaires, une prise en charge psycho-sociale est organisée ; elle retrouvera le goût de vivre, un toit, et même un emploi. La seconde vignette clinique, parmi beaucoup d'autres, est celle d'une enfant de dix ans, autrefois brillante élève, qui présente d'énormes difficultés scolaires dès la rentrée, une grande inhibition, un mutisme. Prise en charge au plan psychothérapeutique, elle sera “transformée” après quelques séances où, à travers ses dessins, elle a pu exprimer sa peur extrême lorsque ses parents ont été alignés contre un mur par des miliciens. Il s'agit d'un psychotraumatisme, dont elle se dégagera pour redevenir l'élève brillante et enjouée qu'elle était.

CONCLUSION

La psychiatrie militaire dans son rôle de soutien des forces se doit d'être présente avant, pendant et après les missions opérationnelles ; la collectivité militaire a pour mission permanente la défense du pays, le maintien de la paix et, depuis peu, le développement d'actions humanitaires. L'efficacité opérationnelle, souci premier du commandement, dépend de la qualité des équipements mais surtout de celle des hommes. La psychiatrie portée à l'avant permet d'assurer l'exercice d'activités préventives et thérapeutiques individuelles et collectives, dans la richesse d'une action au service des autres. Le docteur Louis Destouches, plus connu sous le nom de Céline, disait avec raison : "*l'expérience est une lanterne qui n'éclaire que celui qui la porte*" ; on peut ajouter que lorsque cette expérience est transmise, elle illumine tous ceux qui la reçoivent.

Conclusion

Hervé COUTAU-BÉGARIE

Il est d'usage que le président de l'organisme à l'origine d'un colloque en tire les conclusions, même quand il n'a aucune compétence pour le faire. C'est bien le cas ici puisque l'histoire de la médecine, même militaire, constitue un domaine particulier, peu accessible au profane en raison de sa technicité. Et pourtant, j'ai au moins un titre à revendiquer pour présenter une telle conclusion : j'ai été, moi aussi, membre du Service de Santé des Armées, certes pas au même rang que les médecins généraux et les médecins en chef qui se sont succédé durant cette journée. En effet, j'ai fait mon service militaire à la Direction régionale du Service de Santé des Armées de Bordeaux et je l'ai terminé comme brancardier-secouriste de 1re classe, grade de faveur puisque je n'avais pas le brevet de secouriste, mais comme me l'avait dit mon capitaine, sans aucune trace d'humour : *"C'est le plus haut grade auquel vous puissiez prétendre"*. Il n'avait pas tort, puisque ma carrière militaire s'est arrêtée là. Heureusement que ma carrière d'historien s'est poursuivie, ce qui me donne le privilège d'être là.

Philippe Richardot l'a bien souligné dans son introduction : l'histoire de la médecine militaire est une dimension fondamentale et pourtant occultée de l'histoire militaire, car les armes tuent finalement beaucoup moins que les microbes. On ne compte pas les armées décimées par l'épidémie, jusqu'à l'armée d'Égypte victime de la peste et à l'armée franco-britannique en Crimée victime du choléra. En 1778-1779, la guerre de Succession de Bavière ("la guerre des chiens") se passe en manœuvres interminables, sans aucun combat notable ; et pourtant, elle se termine par près de 50 000 morts, presque tous par maladie. Pendant longtemps, les guerres ont été synonyme d'épidémie, elles en ont souvent été les principaux vecteurs, moins par usage intentionnel (encore que l'on connaisse des cas très anciens de guerre bactériologique par empoisonnement des puits, voire envoi par catapultes de cadavres de pestiférés au-dessus des remparts d'une ville assiégée) que par méconnaissance des mécanismes de contagion : durant la guerre du Péloponnèse, l'entassement des réfugiés derrière les Longs Murs d'Athènes, avec l'hygiène déplorable qui en découle, provoque une épidémie de peste qui décime la population et fait disparaître Périclès ; encore sous Louis XIV les armées traversant la France, pour passer des Pyrénées aux Flandres, véhiculaient leur cortège de maladies. Ce n'est que très tardivement que le lien entre armée et épidémie s'est inversé : en 1720, l'armée a efficacement contribué à l'instauration d'une quarantaine qui a limité l'extension de l'épidémie de peste qui s'était déclenchée à Marseille.

À côté de ces phénomènes massifs qui ont joué un très grand rôle dans l'histoire démographique du monde, se pose aussi le problème des blessures et de leurs suites. Beaucoup de blessures, qui n'étaient pas *a priori* mortelles, le devenaient faute de soins et les hôpitaux, si l'on peut les appeler ainsi, n'étaient le plus souvent que des mouroirs, à tel point que la première préoccupation des blessés les moins graves était généralement de se sauver au plus vite. Sous l'Empire, les morts à l'hôpital (ou ce qui en tient lieu) sont trois à quatre fois plus nombreux que les morts sur le champ de bataille. Il a fallu attendre la guerre de Sécession pour qu'apparaissent les premiers soins systématiques en zone des combats, avec l'invention des trains-hôpitaux, et la Première Guerre mondiale pour que se modifie en profondeur le rapport entre morts et blessés. On notera au passage à quel point l'absence de grandes épidémies au front a été surprenante, durant ces quatre années de misère, tant le manque d'hygiène des premières lignes était flagrant et même épouvantable. L'épidémie ne s'est manifestée qu'à l'extrême fin de la guerre, lorsque la grippe espagnole a fauché en quelques mois près de 20 millions de personnes souvent affaiblies par les privations, faisant deux fois et demi plus de victimes que les opérations militaires qui n'avaient coûté "que" 8 millions de morts.

Les grandes lignes du problème sont connues. La difficulté pour les historiens est de parvenir à une connaissance plus précise en présence de sources lacunaires et souvent incertaines. La démographie historique a fait des progrès extraordinaires en un demi-siècle, principalement sous l'impulsion décisive de l'école historique française. Elle a mis au point des méthodes perfectionnées et efficaces, dont Jean-Nicolas Corvisier a même montré qu'elles pouvaient être appliquées, avec prudence, à l'histoire ancienne. Mais, s'agissant de la démographie militaire, nous sommes confrontés au double problème de l'incertitude sur les effectifs initiaux, que les chroniques anciennes ont volontiers tendance à surestimer, et sur le devenir de ces combattants dont on a beaucoup de mal à retracer le sort : jusqu'à la fin du XVIIIe siècle, les armées perdent souvent autant, sinon plus, d'hommes par désertion que par mort ou captivité. Ce n'est qu'à l'époque moderne que l'on commence à disposer de séries homogènes et fiables ; on sait le parti qu'André Corvisier a pu tirer des contrôles de troupes pour sa thèse sur le soldat de l'armée d'Ancien Régime (1964), mais lesdits contrôles ne donnent qu'une vision d'ensemble. Nous savons désormais qu'"*au XVIIIe siècle, la guerre fait mourir les soldats, mais surtout de maladie, probablement à cause des intempéries et des plus mauvaises conditions d'alimentation ou de cantonnement, à cause aussi des épidémies*", le maximum des décès se situant habituellement *"pendant les quartiers d'hiver où l'on ne combat pas"*... *Il est infiniment probable que ce qui est vrai au XVIIIe siècle l'est encore plus au XVIIe siècle*[1]. Mais cette source ne nous permet guère d'accéder aux destins individuels. Nous sommes mieux renseignés sur les officiers grâce à leurs dossiers individuels. Mais ceux-ci sont-ils fiables ? La savante et savoureuse communication du docteur Jean-François Lemaire incite à manifester le plus grand scepticisme à ce sujet. Jusqu'au XIXe siècle, les données sont trop rares et incertaines pour que l'on puisse aventurer des conclusions sûres.

Il est vrai que le travail ne fait que commencer, qu'il s'agit d'un chantier de longue haleine et que l'on parviendra probablement, dans quelques décennies, à des résultats d'une précision qui nous étonnerait fort aujourd'hui. La communication du docteur Arzalier ouvre des pistes prometteuses, qu'il faudra explorer, préciser, par des travaux longs et difficiles. La communication du docteur Marc Lemaire sur la guerre de Crimée est significative des travaux qu'il est possible de réaliser sur le XIXe siècle pour lequel on commence à disposer de sources relativement solides.

C'est avec la Première Guerre mondiale que tout change de dimensions : l'ampleur du problème à traiter pour les contemporains, l'ampleur des sources à exploiter pour les historiens. La communication de Sophie Delaporte sur les débats chirurgicaux, complétée dans les actes par l'étude de Pierre Darmon et de Caroline Gillet sur le problème des mutilés permettent d'avoir un écho des débats au sein du corps médical et des problèmes pratiques posés par l'arrivée d'une masse de grands blessés, pas toujours réinsérables. Il y a quelques années est mort aux Invalides un tétraplégique qui s'y trouvait depuis 1918. Le film *La chambre des officiers*, dont Sophie Delaporte a été le conseiller historique, a attiré l'attention du public sur le sort cruel des blessés de la face, regroupés au sein de l'Association "Les gueules

---

1 André Corvisier, *Les hommes, la guerre et la mort*, Économica, 1985, pp. 378-379.

cassées". La France ne les a pas oubliés puisqu'elle leur a affecté un pourcentage des revenus de la loterie nationale qui a fait des "Gueules cassées" une association riche à milliards. Les intéressés auraient préféré ne pas avoir à profiter de cette manne.

Avec la Première Guerre mondiale, les techniques se sont diversifiées, le champ de la médecine aussi. On a ainsi vu les premières évacuations aériennes dont le rapide développement nous a été présenté par le médecin-général inspecteur Michel Larive. Également les premières interventions de la psychiatrie de l'avant. Les Russes y avaient recouru les premiers durant leur guerre contre le Japon en 1904-1905, mais à une échelle tout à fait artisanale. Là aussi, le problème s'est démesurément accru durant la Première Guerre mondiale, avec des millions de traumatisés, dont des centaines de milliers ont gardé des séquelles durables. La tentation fréquente de nier le problème et de faire des malades des simulateurs ou des embusqués, n'a pas résisté à la réalité et la Seconde Guerre mondiale a été marquée par une extension encore plus grande du phénomène.

Les années 1939-1945 n'ont n'a pas été abordées dans notre colloque. Lacune gênante, mais pas scandaleuse, c'est la loi du genre : paradoxalement, aucune communication sur la Seconde Guerre mondiale n'a été proposée alors que c'est probablement la guerre aujourd'hui la plus étudiée. Cela n'empêche pas les incertitudes de rester grandes, ne serait-ce que sur l'estimation globale du coût humain de la guerre, pour laquelle les chiffres vont de 35 à 60 millions de morts. Récemment, des essais et romans ont rouvert la polémique sur le bombardement de Dresde : on avait parlé de 120 000 morts, les évaluations récentes sont beaucoup plus basses, entre 25 et 30 000. Illustration d'une tendance classique à surestimer les pertes : dans un récent colloque sur la campagne de 1940, le docteur Arzalier a pu montrer que le chiffre communément accepté des pertes françaises en 1940, au moins 90 000 hommes, était exagéré et que la réalité se situait plutôt aux alentours de 50-60 000. Le comptage est encore plus difficile lorsqu'il s'agit de civils, les déplacés et réfugiés faussant tous les calculs. Alors que les morts de la Première Guerre mondiale étaient encore massivement militaires (hors l'épidémie de grippe espagnole), la grande nouveauté de la seconde est que la moitié au moins des victimes sont civiles.

Le Service de Santé est également intervenu outre-mer. Le lieutenant-colonel Renaud a évoqué son rôle durant la pacification du Maroc. Il devait soigner les soldats, exposés aux fièvres, surtout paludéennes. La démonstration devrait être étendue à l'ensemble des colonies. Les hôpitaux militaires français d'Indochine ont participé à la mise au point du BCG et bon nombre de médecins militaires ont laissé un nom dans l'histoire de la médecine, là aussi dans les domaines les plus divers. On doit rappeler que le véritable inventeur des immunodépresseurs, Henri Laborit, était un médecin militaire qui a mis au point les premiers traitements à base de ce qu'un autre a, plus tard, appelé immunodépresseurs pour soigner les combattants d'Indochine.

Le problème se pose aujourd'hui sous d'autres formes avec la multiplication des opérations extérieures. Aux États-Unis comme en France a ainsi été posé le problème de l'existence d'un syndrome du Golfe qui frapperait les militaires ayant participé à la guerre contre l'Irak en 1991. La même interrogation resurgit déjà à propos de la guerre du Kosovo, notamment du fait de l'utilisation de munitions à uranium appauvri. Le professeur Jean-Paul Boutin a présenté le bilan des investigations officielles menées par le ministère de la Défense sur ce syndrome dont les cliniciens ont bien du mal à saisir la substance. Mais les enquêtes les plus poussées ne suffiront pas à faire disparaître le soupçon, tant les enjeux symboliques, mais aussi financiers, ces derniers terriblement concrets, sont importants.

Bien évidemment, un colloque limité à une journée ne pouvait pas couvrir le champ immense de l'histoire de la médecine militaire. Nous n'avons pu que procéder à quelques sondages dans une réalité immense. Personnellement, je souhaiterais que l'on s'intéressât à l'immense corpus des écrits de médecine militaire, aussi abondant que peu connu. On y trouve de tout, du plus sévère au plus fantaisiste. À titre d'exemple, citons quelques-uns des remèdes proposés par le chef de partisans L.M. de Jeney au XVIIIe siècle, dans son livre *Le partisan* paru en 1759. Il recommande de lutter contre la colique par des cataplasmes de vinaigre assaisonnés de cendre ; contre les ulcères à la bouche, on utilisera une pierre de vitriol de Chypre ; contre les engelures de la térébenthine de Venise ; sur les brûlures de l'huile d'olive et de la céruse... Sans parler de quelques remèdes à déconseiller aux personnes délicates : l'inflammation des amygdales se soigne en usant "*de l'urine propre nouvellement rendue en forme de gargarisme*"... Heureusement pour les blessés et les malades, toute la littérature médicale n'est pas de ce niveau.

On peut regretter ce développement tardif de l'histoire de la médecine aux armées qui témoigne de la trop lente mutation de l'histoire militaire. Trop souvent, on en reste à une vision aseptisée de la guerre dont les horreurs sont soigneusement dissimulées. Comment ne pas noter la différence d'esprit entre les musées militaires classiques, comme les Invalides, qui célèbrent les gloires militaires d'un pays, et certains musées nouveaux ou rénovés, qui s'emploient simultanément à montrer les fastes militaires d'un pays mais aussi les horreurs de la guerre ? L'un des derniers colloques internationaux d'histoire militaire a eu lieu à Stockholm en 2000, les participants ont pu visiter le nouveau musée militaire dont certaines salles sont d'un réalisme pour le moins brutal. Il ne faut pas qu'une vision chasse l'autre, les deux doivent être reçues simultanément. L'histoire de la médecine militaire contribuera à une compréhension globale du phénomène-guerre appelée de ses vœux par le fondateur de la polémologie Gaston Bouthoul.

Il y a là un immense chantier et il faut remercier Philippe Richardot et tous ceux qui ont participé à l'élaboration de cette journée d'étude, d'avoir apporté une contribution notable, en espérant qu'elle suscitera des prolongements.

Table des matières

Réalisé en P.A.O. par STDI - Z.A. Route de Couterne - 53110 LASSAY-LES-CHÂTEAUX
Imprimé en France. - JOUVE, 11, bd de Sébastopol, 75001 PARIS
N° 334701K. - Dépôt légal : Octobre 2003